기적의 수학 문장제

기적의 수학문장제 12권

초판 1쇄 발행 · 2018년 12월 15일
개정 1쇄 발행 · 2024년 11월 15일

지은이 · 김은영
발행인 · 이종원
발행처 · 길벗스쿨
출판사 등록일 · 2006년 7월 1일
주소 · 서울시 마포구 월드컵로 10길 56 (서교동)
대표 전화 · 02)332-0931 | **팩스** · 02)333-5409
홈페이지 · school.gilbut.co.kr | **이메일** · gilbut@gilbut.co.kr

기획 · 김미숙(winnerms@gilbut.co.kr) | **편집진행** · 이지훈
영업마케팅 · 문세연, 박선경, 박다슬 | **웹마케팅** · 박달님, 이재윤, 이지수, 나혜연
영업관리 · 김명자, 정경화 | **독자지원** · 윤정아
제작 · 이준호, 손일순, 이진혁

디자인 · ㈜더다츠 | **표지 일러스트** · 우나리 | **본문 일러스트** · 유재영, 김태형
전산편집 · 보문미디어 | **CTP출력 및 인쇄** · 교보피앤비 | **제본** · 경문제책

▶잘못 만든 책은 구입한 서점에서 바꿔 드립니다.
▶이 책은 저작권법에 따라 보호받는 저작물이므로 무단전재와 무단복제를 금합니다.
　이 책의 전부 또는 일부를 이용하려면 반드시 사전에 저작권자와 길벗스쿨의 서면 동의를 받아야 합니다.

ISBN 979-11-6406-825-8 64410
(길벗스쿨 도서번호 11018)
정가 12,000원

고대 이집트인들은 나일 강변에서 농사를 지으며 살았습니다. 나일강 유역은 땅이 비옥하여 농사가 잘 되었거든요. 그러나 잦은 홍수로 나일강이 흘러넘치기 일쑤였고, 홍수 후 농경지의 경계가 없어져 버려 본래 자신의 땅이 어디였는지 구분하기 힘들었어요. 사람들은 저마다 자신의 땅이라고 우기면서 다투었습니다. 그때, 사람들은 생각했어요.
"내 땅의 크기를 정확히 알 수 있다면, 홍수 후에도 같은 크기의 땅에 농사를 지으면 되겠구나."
이때부터 사람들은 땅의 크기를 재고, 넓이를 계산하기 시작했답니다.

"아휴! 수학을 왜 배우는지 모르겠어요. 어렵고 지겨운 수학을 배워 어디에 써요?"
학년이 올라갈수록 많은 학생들이 이렇게 묻습니다.
만일 고대 이집트인들이 들었다면 이런 대답을 했을 거예요.
"이집트 문명의 발전은 수학이 만들어낸 것이다."

우리 생활에서 일어나는 이런저런 일들은 문제가 일어난 상황을 이해하고 판단하여 해결해야 하는 과정이에요. 이 과정에서 반드시 필요한 능력이 수학적으로 생각하는 힘이고요. 즉, 수 계산이 수학의 전부가 아니라 **수학적으로 생각하기**가 진짜 수학이라는 것이죠.
어떤 문제가 생겼을 때 그것을 해결하기 위해 필요한 것이 무엇인지 판단하고, 논리적으로 조합하여 써 내려가는 모든 과정이 수학이랍니다. 그래서 수학은 생활에 꼭 필요하고, 우리가 수학적으로 생각하는 능력을 갖추면 어떤 문제든지 잘 해결할 수 있게 되지요.

기적의 수학 문장제는 여러분이 주어진 문제를 이해하고 판단하여 해결하는 과정을 훈련하는 교재입니다. 이 책으로 차근차근 기초를 다지다 보면 수학과 전혀 관련 없어 보이는 생활 속 문제들도 수학적으로 생각하여 해결할 수 있다는 것을 알게 될 거예요. 그러면 수학이 재미없지도 지겹지도 않고 오히려 퍼즐처럼 재미있게 느껴진답니다.
모쪼록 여러분이 수학과 친해지는 데 기적의 수학 문장제가 마중물이 될 수 있기를 바랍니다.

김은영

수학 문장제 어떻게 공부할까?

지금은 수학 문장제가 필요한 시대

　　로봇, 인공지능과 같은 기술이 발전하면서 4차 산업혁명 시대가 열렸습니다. 이에 발맞추어 교육도 변화하고 있습니다. 새 교육과정을 살펴보면 성장·과정 중심, 스토리텔링 교육, 코딩 교육, 서술형 평가 확대 등 창의력과 문제해결력을 기르는 방향으로 바뀌고 있습니다. 이제는 지식을 많이 아는 것보다 아는 지식을 새롭게 창조하는 능력이 무엇보다 중요한 때입니다.

　　논리적으로 사고하여 문제를 해결하는 수학 과목의 특성상 문제를 다양하게 바라보고 해결 방법을 찾는 과정에서 창의력과 문제해결력을 계발할 수 있습니다. 특히 수학 문장제는 실생활과 관련된 수학적 상황을 인지하고, 해결하는 과정을 통해 문제해결력을 키우기에 아주 효과적입니다.

하지만 수학 문장제를 싫어하는 아이들

　　요즘 아이들은 문자보다 그림과 영상에 익숙합니다. 그러다 보니 읽을 것이 많은 수학 문장제에 겁을 내거나 조금 해보려고 애쓰다 포기해 버리는 경우가 많습니다. 아래는 수학 문장제를 공부할 때 흔히 겪는 여러 가지 어려움들을 나열한 것입니다.

문장제만 보면 읽지도 않고 무조건 별표! 혼자서는 풀 생각도 안 해요.

우리 아이는 풀이 쓰는 것을 싫어해요. 답만 쓰고 풀이 과정은 말로 설명하려고 해요.

문장제만 보면 저를 불러요. 문제가 무슨 말인지 모르겠대요. 문제를 읽어 주면 또 묻죠. "그래서 더해? 빼?" 아이가 문제를 푸는 건지, 제가 푸는 건지 모르겠어요.

우리 아이가 쓴 풀이는 알아볼 수가 없어요. 자기도 한참을 찾아야 해요.

우리 아이는 긴 문제는 읽지도 않으려고 해요.

계산하는 과정 쓰는 것을 싫어해서 암산으로 하다 자꾸 틀려요.

저희 아이도 식은 제가 세워 주고, 아이는 계산만 하려고 해요.

우리 애는 중간까지는 푸는데 끝까지 못 풀어요. 왜 마무리가 안 되는지 모르겠어요.

문제를 읽어도 뭘 구해야 하는지 몰라요.

연산기호 안 쓰는 건 기본이고 등호는 여기저기 막 써서 식이 오류투성이에요.

알긴 아는데 머릿속의 생각을 어떻게 써야 하는지 모르겠대요.

  수학 문장제 학습의 가장 큰 고민은 갖가지 문제점들이 복합적으로 얽혀 있어 어디서부터 손을 대야 할지 막막하다는 것입니다. 하지만 대부분의 문제는 크게 두 가지로 나누어 볼 수 있습니다. 바로 '읽기(문제이해)'가 안 되고, '쓰기(문제해결, 풀이)'가 안 되는 것이죠. 국어도 아니고 수학에서 읽기와 쓰기 때문에 곤경에 처하다니 어찌 된 일일까요? 그것은 수학적 읽기와 쓰기는 국어와 다르기 때문에 생긴 문제입니다.

어려움 1
문제읽기와 문제이해   "왜 책도 많이 읽는데 수학 문장제를 이해하지 못할까?"

수학 독해는 따로 있습니다.

  문제를 잘 읽는다고 해서 수학 문장제를 잘 이해할 수 있는 것은 아닙니다.

  '빵이 9개씩 8봉지 있을 때 빵의 개수를 구하는 문제'를 읽고 나서 '몇 개씩 몇 묶음'이 곱셈을 뜻하는 수학적 표현이라는 것을 모르면 문제를 해결할 수 없습니다. 또, 문장을 곱셈식으로 바꾸지 못하면 풀이 과정을 쓸 수도 없습니다.

  이처럼 수학 문장제는 문제를 읽고, 문제 속에 숨겨진 수학적 표현, 용어, 개념을 찾아 해석하는 능력이 필요합니다. 또 문장을 식으로 나타내거나 반대로 주어진 식을 문장으로 읽는 능력도 필요합니다. 다양한 수학 문장제를 풀어 보면서 수학 독해력을 키워야 합니다.

어려움 2
문제해결과 풀이쓰기   "답은 구했는데 왜 풀이를 못 쓸까?"

쓸 수 있어야 진짜 아는 것입니다.

  아이들이 써 놓은 식이나 풀이 과정을 살펴보면 연산기호나 등호 없이 숫자만 나열하여 알아보기 힘들거나, 풀이 과정을 말하듯이 써서 군더더기가 섞여 있는 경우가 많습니다. 숫자를 헷갈리게 써서 틀리는 경우, 두서없이 풀이를 쓰다가 중간에 한 단계를 빠뜨리는 경우, 앞서 계산한 값을 잘못 찾아 쓰는 경우 등 알고도 틀리는 실수들이 자주 일어납니다. 이는 식과 풀이를 논리적으로 쓰는 연습을 하지 않았기 때문입니다.

  풀이를 쓰는 것은 머릿속에 있던 문제해결 과정을 꺼내어 눈앞에 펼치는 것입니다. 간단한 문제는 머릿속에서 바로 처리할 수 있지만, 복잡한 문제는 절차에 따라 차근차근 풀어서 써야 합니다. 이때 풀이를 쓰는 연습이 되어 있지 않으면 어디서부터 어디까지, 어떻게 풀이 과정을 써야 하는지 막막할 수밖에 없습니다.

  덧셈식과 뺄셈식을 정확하게 쓰는 것은 물론, 수학 용어를 사용하여 간단명료하게 설명하기, 문제해결 전략 세우기에 따라 과정 쓰기 등 절차에 따라 풀이 과정을 논리적으로 쓰는 연습을 해야 합니다.

핵심어독해법으로 문제읽기 능력 강화

수학 문장제, 어떻게 읽어야 할까요? 다음 수학 문장제를 눈으로 읽어 보세요.

> 한 상자에 9개씩 담겨 있는 김치만두 3상자와 한 상자에 6개씩 담겨 있는 왕만두 4상자를 샀습니다. 산 만두는 모두 몇 개일까요?

똑같은 문제를 줄을 나누어 썼습니다. 다시 한번 소리 내어 읽어 보세요.

> 한 상자에 9개씩 담겨 있는 김치만두 3상자와
> 한 상자에 6개씩 담겨 있는 왕만두 4상자를 샀습니다.
> 산 만두는 모두 몇 개일까요?

눈으로 읽는 것보다
줄을 나누어 소리 내어 읽는 것이
문제를 이해하기 쉽습니다.

똑같은 문제를 핵심어에 표시하며 다시 읽어 보세요.

> 한 상자에 9개씩 담겨 있는 김치만두 3상자와
> 한 상자에 6개씩 담겨 있는 왕만두 4상자를 샀습니다.
> 산 만두는 모두 몇 개일까요?

중요한 부분에 표시하며
읽는 것이
문제를 이해하기 쉽습니다.

위 문제의 핵심어만 정리해 보세요.

> 김치만두 : 9개씩 3상자, 왕만두 : 6개씩 4상자
> 만두는 모두 몇 개?

복잡한 정보들을 정리하면
문제가 한눈에 보입니다.

위와 같이 정보와 조건이 있는 수학 문제를 읽을 때에는
문장의 핵심어에 표시하고, 조건을 간단히 정리하면서 읽는 것이 좋습니다.

핵심어독해법

❶ 핵심어에 표시하며 문제를 읽습니다.
　핵심어란? 구하는 것, 주어진 것이에요.

❷ 수학 독해를 합니다.
　▫ 핵심어(조건)를 간단히 정리하기
　▫ 핵심어(수학 용어)의 뜻, 특징 등 써 보기
　▫ 핵심어와 관련된 개념 떠올리기

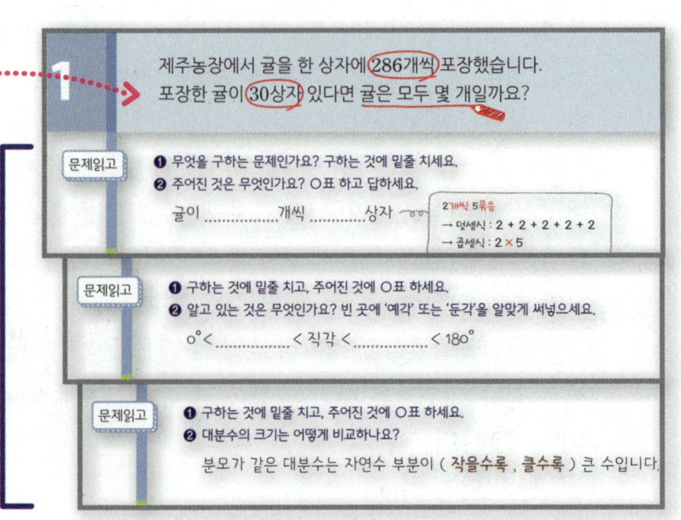

절차학습법으로 문제해결 능력 강화

수학 문장제, 어떤 절차에 따라 풀어야 할까요? 수학 문장제를 푸는 방법은 길을 찾는 과정과 같습니다.

길을 찾는 과정 | **수학 문장제 해결 과정**

1 우선 어디로 가려고 하는지 **목적지**를 알아야 합니다.
제주도로 가야 하는데 서울을 향해 출발하면 안 되겠죠?

↔ **1단계** 문제에서 **구하는 것**이 무엇인지 알아봅니다.

2 출발하기 전 준비물, 주의사항 등을 살펴보며 **출발 준비**를 합니다.
동생과 함께 가야 하는데 혼자 출발하거나, 제주도까지 배를 타고 가야 하는데 비행기 표를 사면 안 되니까요.

↔ **2단계** 문제에서 **주어진 것(조건)**이 무엇인지 알아봅니다.

3 목적지까지 가는 길(순서, 노선)을 확인하고, **목적지까지 갑니다.**
혹시라도 중간에 길을 잃어버리거나 길이 막혀 있다고 해서 멈추면 안 돼요.

↔ **3단계** 문제해결 **방법을 생각**한 다음 순서에 따라 **문제를 풉니다.**

4 마지막으로 목적지에 맞게 왔는지 다시 한번 **확인**합니다.

↔ **4단계** 답이 맞는지 **검토**합니다.

위와 같이 4단계 문제해결 과정에 따라 수학 문장제를 푸는 훈련을 하면
문제해결력과 풀이쓰는 방법을 효과적으로 익힐 수 있습니다.

절차학습법

▶4단계 문제해결 과정

❶ 구하는 것을 아는 단계
❷ 주어진 것을 아는 단계

❸ 문제를 해결하는 단계
절차에 따라 문제를 해결하면서
식을 정확하게 쓰는 훈련을 합니다.

❹ 답을 검토하는 단계

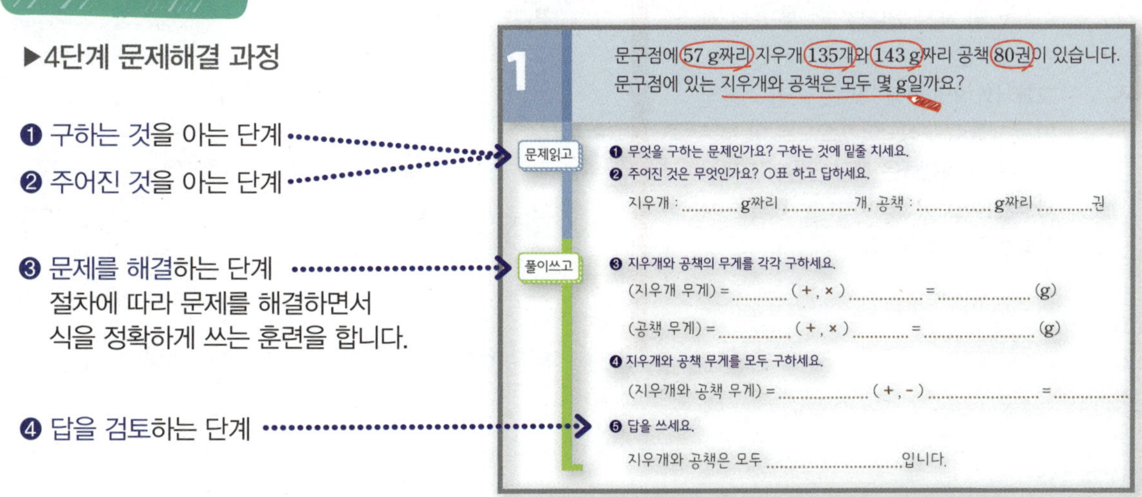

학습관리

학습계획을 세우고, 자기평가를 기록해요.

한 단원 학습에 들어가기 전 공부할 내용을 미리 확인하면서 공부계획을 세워 보세요.

매일 1일 학습, 일주일 3일 학습 등 나의 상황에 맞게, 공부할 양을 스스로 정하고 날짜를 기록합니다.

계획대로 잘 공부했는지 스스로 평가하는 것도 잊지 마세요.

준비학습

기본 개념을 알고 있는지 확인해요.

이 단원의 문장제를 풀기 위해 꼭 알고 있어야 할 핵심 개념을 문제를 통해 확인해 보세요.

교과서와 익힘책에 나오는 가장 기본적인 문제들로 구성되어 있으므로 이 부분이 부족한 학생들은 해당 단원의 교과서와 익힘책을 더 공부하고 본 학습을 시작하는 것이 좋습니다.

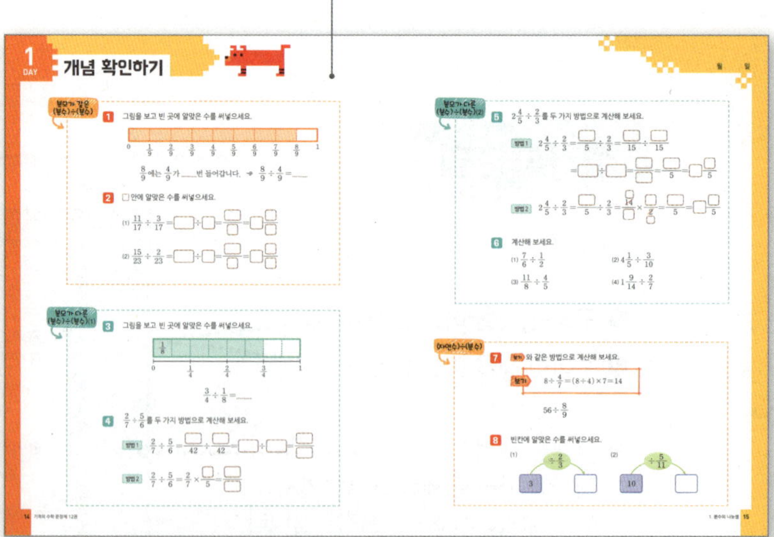

대표 유형을 집중 훈련해요.

같이 풀어요.

문제마다 핵심어에 밑줄을 긋고, 동그라미를 하면서 핵심어독해법을 자연스럽게 익혀 보세요.
또, 풀이에 제시된 순서대로 답을 하면서 절차학습법을 훈련해요.

혼자 풀어요.

앞에서 배운 동일 유형, 동일 난이도의 문제를 스스로 풀어 보세요. 주어진 과정에 따라 풀이를 쓰면서 문제 풀이 뿐 아니라 서술형 답안 작성에 대한 훈련도 동시에 해요.

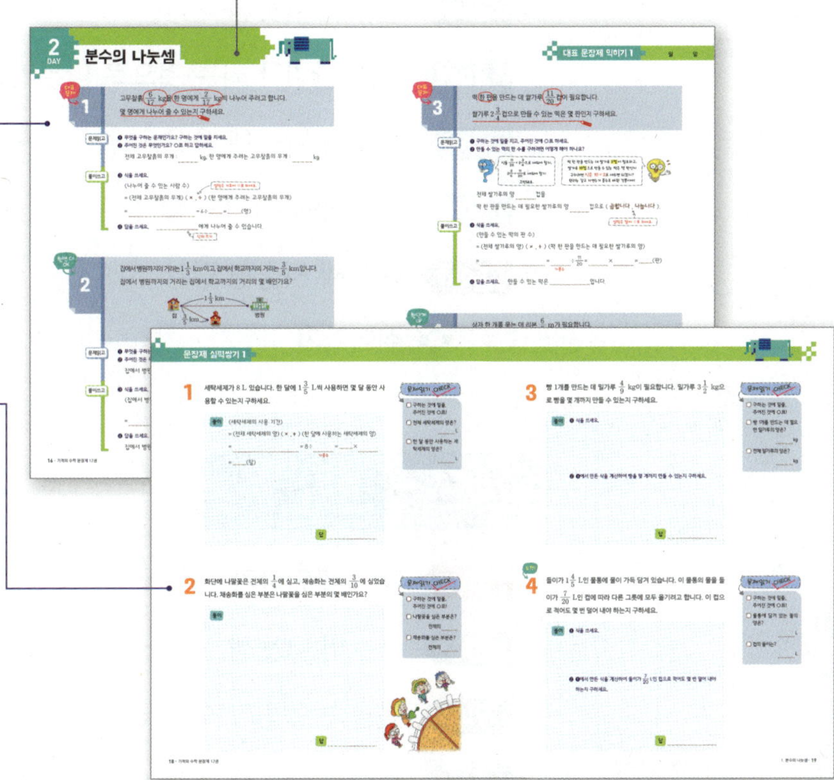

평가

잘 공부했는지 확인해요.

이 단원을 잘 공부했는지 성취도를 평가하며 마무리하는 단계예요.
학교에서 시험을 보는 것처럼 풀이 과정을 정확하게 쓰는 연습을 하면 좋습니다. 정답과 풀이에 있는 [채점 기준]과 비교하여 빠진 부분은 없는지 꼼꼼히 확인해 보세요.

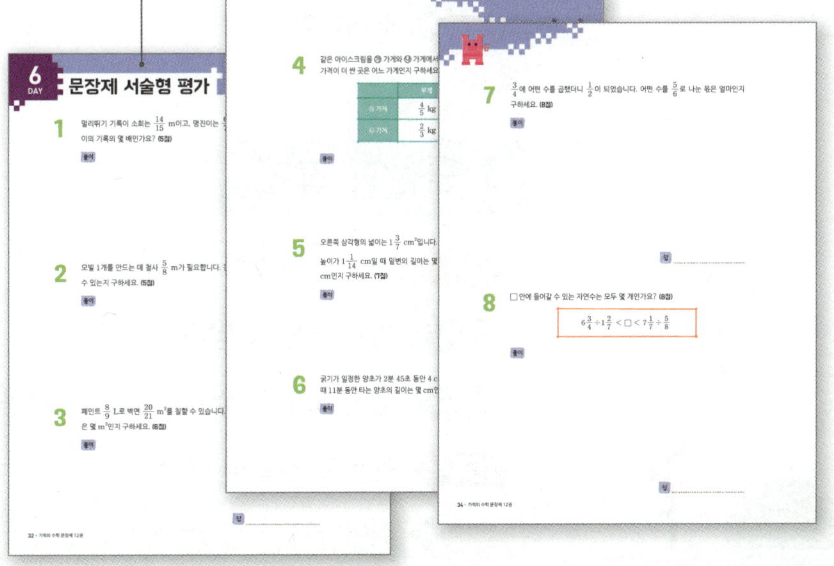

차례

1 분수의 나눗셈

어떻게 공부할까요?

계획대로 공부했나요?
스스로 평가하여
알맞은 표정에 색칠하세요.

교재 날짜	공부할 내용	공부한 날짜	스스로 평가
1일	개념 확인하기	/	😄 🙂 😕
2일	분수의 나눗셈	/	😄 🙂 😕
3일	기준 단위가 되는 것으로 나누기	/	😄 🙂 😕
4일	분수의 나눗셈 응용	/	😄 🙂 😕
5일	곱셈식에서 □ 구하기	/	😄 🙂 😕
6일	문장제 서술형 평가	/	😄 🙂 😕

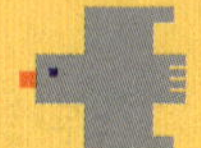

교과서
학습연계도

5-2

6-1

6-2

6-2

2. 분수의 곱셈
- 분수와 자연수의 곱셈
- 진분수의 곱셈
- 여러 가지 분수의 곱셈

1. 분수의 나눗셈
- (자연수)÷(자연수)
- (분수)÷(자연수)
- (대분수)÷(자연수)

1. 분수의 나눗셈
- (분수)÷(분수)
- (자연수)÷(분수)

2. 소수의 나눗셈
- (소수)÷(소수)
- (자연수)÷(소수)
- 몫을 반올림하여 나타내기
- 나누어 주고 남는 양

❝ (분수)÷(분수)를 (분수)×(분수)로 나타내요.

1학기 때 나누어지는 수가 분수인 나눗셈을 배웠어요.

이번에는 나누는 수가 분수인 나눗셈을 배울 거예요.

우리는 막연하게 '나눗셈을 하면 결과가 작아진다.'고 생각할 수 있어요.

하지만 이 단원을 잘 이해했다면 '항상' 그렇지는 않다는 것을 깨닫게 될 거예요.

(분수)÷(분수)를 (분수)×(분수)로 나타내는 방법으로 몫을 구하고,

정말 나눗셈의 계산 결과가 커지는지 확인해 볼까요? ❞

개념 확인하기

1 그림을 보고 빈 곳에 알맞은 수를 써넣으세요.

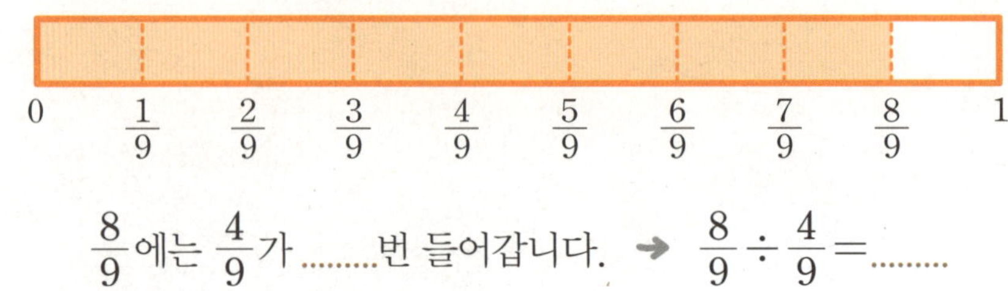

$$\frac{8}{9} \text{에는 } \frac{4}{9} \text{가 ....번 들어갑니다.} \quad \rightarrow \quad \frac{8}{9} \div \frac{4}{9} = ...$$

2 ☐ 안에 알맞은 수를 써넣으세요.

(1) $\dfrac{11}{17} \div \dfrac{3}{17} = \boxed{} \div \boxed{} = \dfrac{\boxed{}}{\boxed{}} = \boxed{}\dfrac{\boxed{}}{\boxed{}}$

(2) $\dfrac{15}{23} \div \dfrac{2}{23} = \boxed{} \div \boxed{} = \dfrac{\boxed{}}{\boxed{}} = \boxed{}\dfrac{\boxed{}}{\boxed{}}$

3 그림을 보고 빈 곳에 알맞은 수를 써넣으세요.

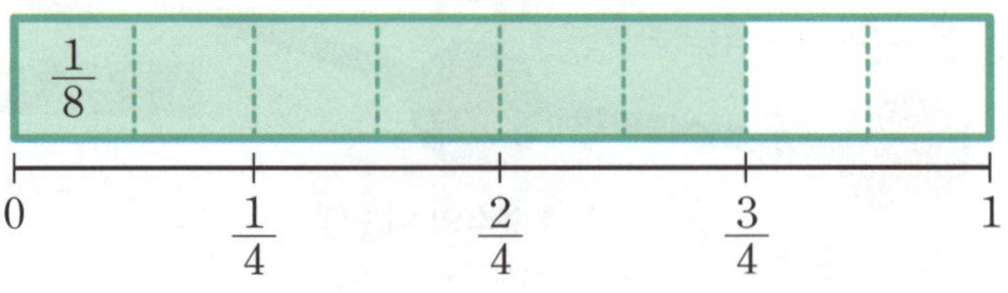

$$\frac{3}{4} \div \frac{1}{8} = ...$$

4 $\dfrac{2}{7} \div \dfrac{5}{6}$ 를 두 가지 방법으로 계산해 보세요.

방법 1 $\dfrac{2}{7} \div \dfrac{5}{6} = \dfrac{\boxed{}}{42} \div \dfrac{\boxed{}}{42} = \boxed{} \div \boxed{} = \dfrac{\boxed{}}{\boxed{}}$

방법 2 $\dfrac{2}{7} \div \dfrac{5}{6} = \dfrac{2}{7} \times \dfrac{\boxed{}}{5} = \dfrac{\boxed{}}{\boxed{}}$

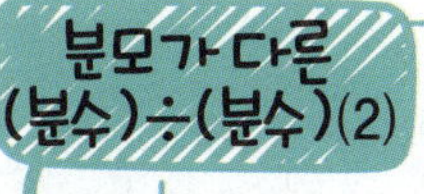

5 $2\frac{4}{5} \div \frac{2}{3}$ 를 두 가지 방법으로 계산해 보세요.

방법1 $\quad 2\frac{4}{5} \div \frac{2}{3} = \dfrac{\boxed{}}{5} \div \dfrac{2}{3} = \dfrac{\boxed{}}{15} \div \dfrac{\boxed{}}{15}$

$\qquad\qquad = \boxed{} \div \boxed{} = \dfrac{\boxed{}}{\boxed{}} = \dfrac{\boxed{}}{5} = \boxed{}\dfrac{\boxed{}}{5}$

방법2 $\quad 2\frac{4}{5} \div \frac{2}{3} = \dfrac{\boxed{}}{5} \div \dfrac{2}{3} = \dfrac{14}{\boxed{}} \times \dfrac{\boxed{}}{\cancel{2}} = \dfrac{\boxed{}}{5} = \boxed{}\dfrac{\boxed{}}{5}$

6 계산해 보세요.

(1) $\dfrac{7}{6} \div \dfrac{1}{2}$ $\qquad\qquad\qquad$ (2) $4\dfrac{1}{5} \div \dfrac{3}{10}$

(3) $\dfrac{11}{8} \div \dfrac{4}{5}$ $\qquad\qquad\qquad$ (4) $1\dfrac{9}{14} \div \dfrac{2}{7}$

7 보기 와 같은 방법으로 계산해 보세요.

보기 $\quad 8 \div \dfrac{4}{7} = (8 \div 4) \times 7 = 14$

$$56 \div \dfrac{8}{9}$$

8 빈칸에 알맞은 수를 써넣으세요.

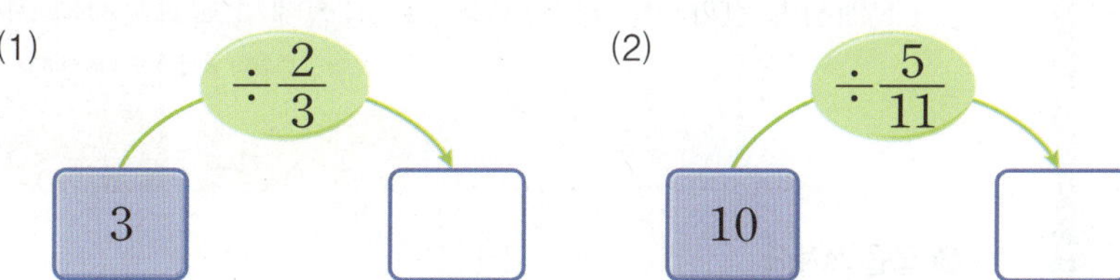

분수의 나눗셈

대표문제

1

고무찰흙 $\dfrac{6}{17}$ kg을 한 명에게 $\dfrac{2}{17}$ kg씩 나누어 주려고 합니다.
몇 명에게 나누어 줄 수 있는지 구하세요.

문제읽고

❶ 무엇을 구하는 문제인가요? 구하는 것에 밑줄 치세요.

❷ 주어진 것은 무엇인가요? ○표 하고 답하세요.

전체 고무찰흙의 무게 : .... kg, 한 명에게 주려는 고무찰흙의 무게 : .... kg

풀이쓰고

❸ 식을 쓰세요.

(나누어 줄 수 있는 사람 수)

알맞은 기호에 ○표 하세요.

= (전체 고무찰흙의 무게) (× , ÷) (한 명에게 주려는 고무찰흙의 무게)

= .... = 6÷ .... = ... (명)

❹ 답을 쓰세요. .... 에게 나누어 줄 수 있습니다.

단위 쓰기

한번 더 OK

2

집에서 병원까지의 거리는 $1\dfrac{1}{3}$ km이고, 집에서 학교까지의 거리는 $\dfrac{3}{5}$ km입니다.
집에서 병원까지의 거리는 집에서 학교까지의 거리의 몇 배인가요?

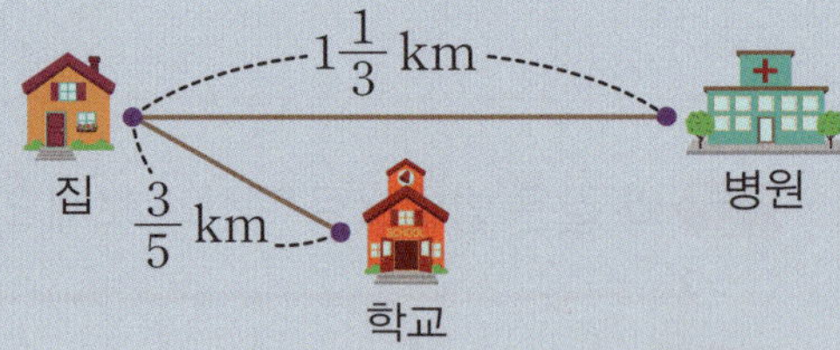

문제읽고

❶ 무엇을 구하는 문제인가요? 구하는 것에 밑줄 치세요.

❷ 주어진 것은 무엇인가요? ○표 하고 답하세요.

집에서 병원까지의 거리 : .... km, 집에서 학교까지의 거리 : .... km

풀이쓰고

❸ 식을 쓰세요.

(집에서 병원까지의 거리) (× , ÷) (집에서 학교까지의 거리)

분수의 곱셈으로 나타내기

= .... = $\boxed{} ÷ \dfrac{3}{5}$ = $\boxed{} × \boxed{}$ = ... (배)

가분수   대분수

❹ 답을 쓰세요.

집에서 병원까지의 거리는 집에서 학교까지의 거리의 .... 입니다.

대표문제 3

떡 한 판을 만드는 데 쌀가루 $\dfrac{11}{20}$ 컵이 필요합니다.

쌀가루 $2\dfrac{3}{4}$ 컵으로 만들 수 있는 떡은 몇 판인지 구하세요.

문제읽고

❶ 구하는 것에 밑줄 치고, 주어진 것에 ○표 하세요.

❷ 만들 수 있는 떡의 판 수를 구하려면 어떻게 해야 하나요?

전체 쌀가루의 양 ……… 컵을

떡 한 판을 만드는 데 필요한 쌀가루의 양 ……… 컵으로 (**곱합니다** , **나눕니다**).

알맞은 말에 ○표 하세요.

풀이쓰고

❸ 식을 쓰세요.

(만들 수 있는 떡의 판 수)

= (전체 쌀가루의 양) (× , ÷) (떡 한 판을 만드는 데 필요한 쌀가루의 양)

= …………………… = ………… $\div \dfrac{11}{20}$ = ………… × ………… = ………(판)
　　　　　　　　　　　　가분수

❹ 답을 쓰세요.　　만들 수 있는 떡은 ………………입니다.

한단계 UP 4

상자 한 개를 묶는 데 리본 $\dfrac{6}{7}$ m가 필요합니다.

10 m의 리본으로 상자를 몇 개까지 묶을 수 있는지 구하세요.

문제읽고

❶ 구하는 것에 밑줄 치고, 주어진 것에 ○표 하세요.

풀이쓰고

❷ 식을 쓰세요.

(묶을 수 있는 상자의 수)

= (전체 리본의 길이) (× , ÷) (상자 한 개를 묶는 데 필요한 리본의 길이)

= …………………… = ………… × ………… = ………(개)
　　　　　　　　　　　　　　　　　대분수

➡ 상자의 수는 자연수이므로 ………… 개까지 묶을 수 있습니다.

❸ 답을 쓰세요.　　상자를 ……………… 까지 묶을 수 있습니다.

1 세탁세제가 8 L 있습니다. 한 달에 $1\frac{3}{5}$ L씩 사용하면 몇 달 동안 사용할 수 있는지 구하세요.

풀이 (세탁세제의 사용 기간)

= (전체 세탁세제의 양) (× , ÷) (한 달에 사용하는 세탁세제의 양)

= .... = 8÷ .... = ... ×

가분수

= ....(달)

답 ....

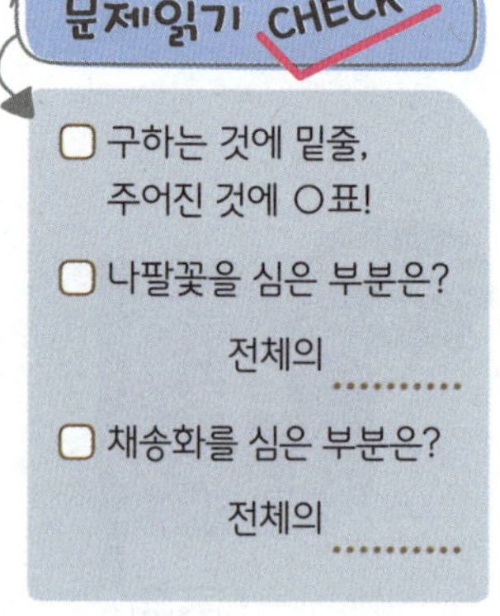

문제읽기 CHECK

- 구하는 것에 밑줄, 주어진 것에 ○표!
- 전체 세탁세제의 양은?
  L
- 한 달 동안 사용하는 세탁세제의 양은?
  L

2 화단에 나팔꽃은 전체의 $\frac{1}{4}$에 심고, 채송화는 전체의 $\frac{3}{10}$에 심었습니다. 채송화를 심은 부분은 나팔꽃을 심은 부분의 몇 배인가요?

풀이

답 ....

문제읽기 CHECK

- 구하는 것에 밑줄, 주어진 것에 ○표!
- 나팔꽃을 심은 부분은?
  전체의 ....
- 채송화를 심은 부분은?
  전체의 ....

3 빵 1개를 만드는 데 밀가루 $\frac{4}{9}$ kg이 필요합니다. 밀가루 $3\frac{1}{2}$ kg으로 빵을 몇 개까지 만들 수 있는지 구하세요.

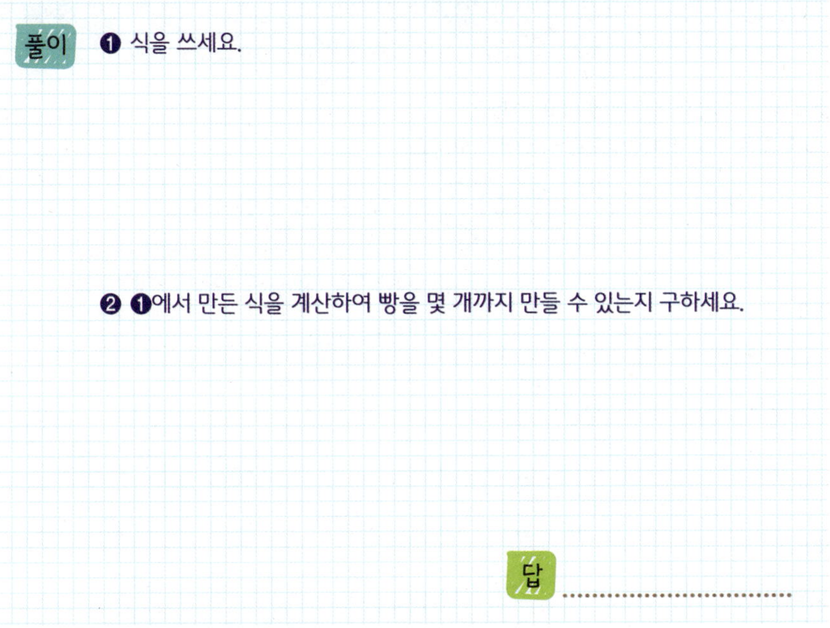

풀이 ❶ 식을 쓰세요.

❷ ❶에서 만든 식을 계산하여 빵을 몇 개까지 만들 수 있는지 구하세요.

답 ....

4 들이가 $1\frac{4}{5}$ L인 물통에 물이 가득 담겨 있습니다. 이 물통의 물을 들이가 $\frac{7}{20}$ L인 컵에 따라 다른 그릇에 모두 옮기려고 합니다. 이 컵으로 적어도 몇 번 덜어 내야 하는지 구하세요.

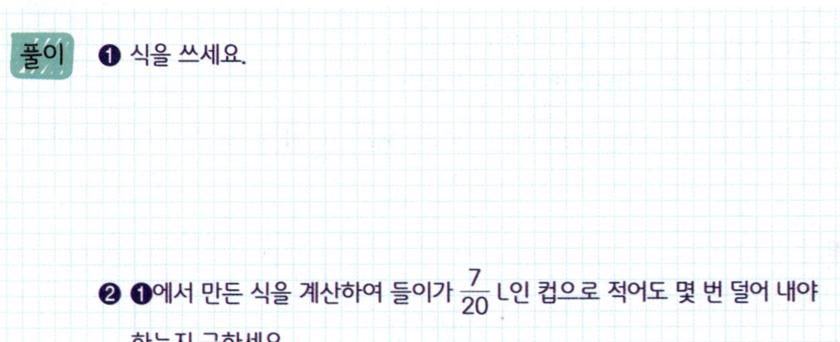

풀이 ❶ 식을 쓰세요.

❷ ❶에서 만든 식을 계산하여 들이가 $\frac{7}{20}$ L인 컵으로 적어도 몇 번 덜어 내야 하는지 구하세요.

답 ....

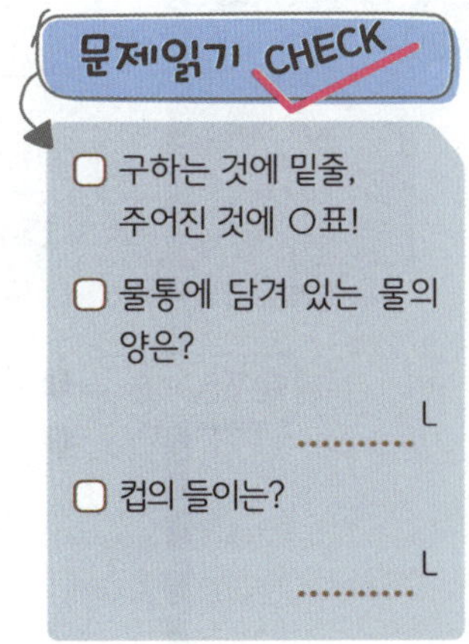

기준 단위가 되는 것으로 나누기

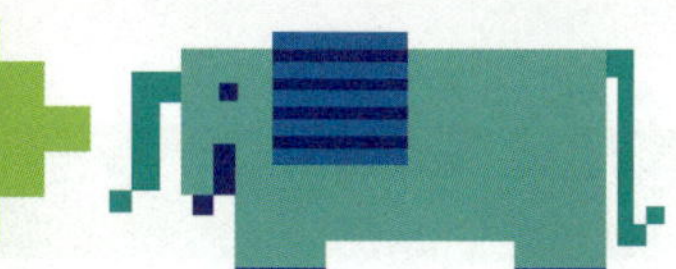

대표문제

1

굵기가 일정하고 무게가 $1\frac{9}{10}$ kg인 철근 $\frac{7}{10}$ m가 있습니다.
이 철근 1 m의 무게는 몇 kg인지 구하세요.

문제읽고

❶ 구하는 것에 밑줄 치고, 주어진 것에 ○표 하세요.
❷ 철근 1 m의 무게를 구하려면 무엇으로 나누어야 하나요?

철근 1 m 의 무게를 구하려면 ($1\frac{9}{10}$ kg , $\frac{7}{10}$ m)로 나누어야 합니다.
기준 단위

단위가 두 가지여서 헷갈릴 수 있어요.
'기준 단위'를 찾아 나누는 수에 놓으면 돼요.

풀이쓰고

❸ 식을 쓰세요.

(철근 1 m의 무게)

= (철근의 무게) (× , ÷) (철근의 길이)

= .... = ... ÷ 7 = ... (kg)
대분수

❹ 답을 쓰세요.

철근 1 m의 무게는 .... 입니다.

한번 더 OK

2

어느 호랑이는 $102\frac{2}{3}$ km를 뛰어가는 데 $1\frac{1}{6}$ 시간이 걸립니다.
이 호랑이가 같은 빠르기로 뛰어간다면
1시간 동안 갈 수 있는 거리는 몇 km인지 구하세요.

문제읽고

❶ 구하는 것에 밑줄 치고, 주어진 것에 ○표 하세요.
❷ 1시간 동안 갈 수 있는 거리를 구하려면 무엇으로 나누어야 하나요?

1시간 동안 갈 수 있는 거리를 구하려면 ($102\frac{2}{3}$ km , $1\frac{1}{6}$ 시간)으로 나누어야 합니다.
기준 단위

풀이쓰고

❸ 식을 쓰세요.

(1시간 동안 갈 수 있는 거리)

= (뛰어가는 거리) (× , ÷) (걸리는 시간)

= .... = ... ÷ .... = ... × ....
가분수   가분수

= .... (km)

❹ 답을 쓰세요.

1시간 동안 갈 수 있는 거리는 .... 입니다.

대표문제 3

리본 $\dfrac{3}{4}$ m로 똑같은 선물 9개를 포장할 수 있습니다.

리본 1 m로 포장할 수 있는 선물은 몇 개인지 구하세요.

문제읽고

❶ 구하는 것에 밑줄 치고, 주어진 것에 ○표 하세요.

❷ 리본 1 m로 포장할 수 있는 선물의 수를 구하려면 무엇으로 나누어야 하나요?

　리본 1 m로 포장할 수 있는 선물의 수를 구하려면 ($\dfrac{3}{4}$ m , 9개)로 나누어야 합니다.
　　　기준 단위

풀이쓰고

❸ 식을 쓰세요.

　(리본 1 m로 포장할 수 있는 선물의 수)

　= (선물의 수) (× , ÷) (리본의 길이)

　= .... = ... × .... = ...(개)

❹ 답을 쓰세요.

　리본 1 m로 포장할 수 있는 선물은 .... 입니다.

한번 더 OK 4

콩 $\dfrac{2}{9}$ kg의 가격이 1500원입니다.

콩 1 kg의 가격은 얼마인지 구하세요.

문제읽고

❶ 구하는 것에 밑줄 치고, 주어진 것에 ○표 하세요.

❷ 콩 1 kg의 가격을 구하려면 무엇으로 나누어야 하나요?

　콩 1 kg의 가격을 구하려면 ($\dfrac{2}{9}$ kg , 1500원)으로 나누어야 합니다.
　　기준 단위

풀이쓰고

❸ 식을 쓰세요.

　(콩 1 kg의 가격)

　= (콩의 가격) (× , ÷) (콩의 무게)

　= .... = ... × .... = ...(원)

❹ 답을 쓰세요.

　콩 1 kg의 가격은 .... 입니다.

1 굵기가 일정하고 무게가 $1\frac{2}{7}$ kg인 쇠막대 $\frac{3}{5}$ m가 있습니다. 이 쇠막대 1 m의 무게는 몇 kg인지 구하세요.

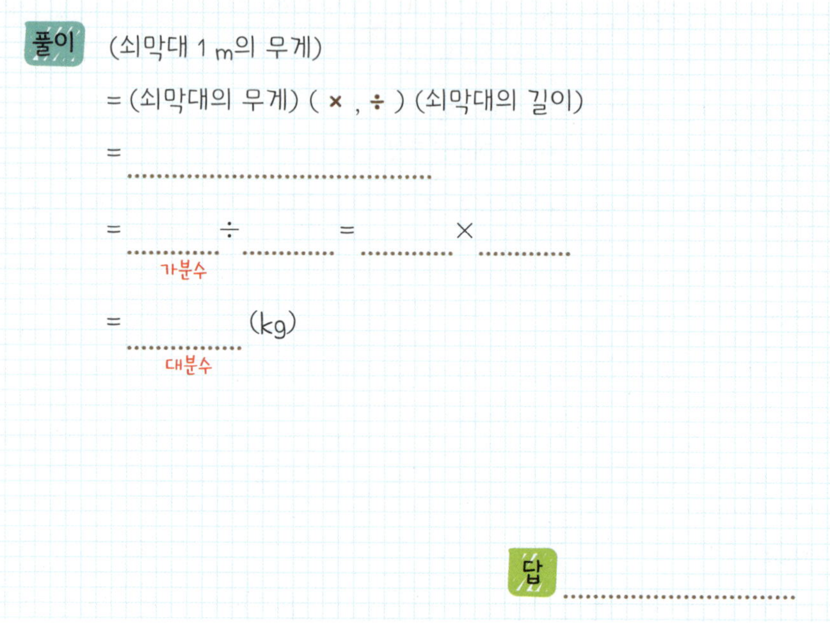

풀이 (쇠막대 1 m의 무게)

= (쇠막대의 무게) (× , ÷) (쇠막대의 길이)

=

....

= .... ÷ .... = ... × ....
　　　　가분수

= .... (kg)
　　대분수

답 ....

문제읽기 CHECK

- 구하는 것에 밑줄, 주어진 것에 ○표!
- 쇠막대의 무게는?
　.............. kg
- 쇠막대의 길이는?
　.............. m
- 기준 단위는?
　　(kg , m)

2 휘발유 $\frac{4}{7}$ L로 $5\frac{3}{5}$ km를 가는 자동차가 있습니다. 이 자동차는 휘발유 5 L로 몇 km를 갈 수 있는지 구하세요.

풀이 ❶ 휘발유 1 L로 갈 수 있는 거리를 구하세요.

❷ 휘발유 5 L로 갈 수 있는 거리를 구하세요.

문제읽기 CHECK

- 구하는 것에 밑줄, 주어진 것에 ○표!
- 휘발유의 양은?
　.............. $\frac{4}{7}$ L
- 자동차가 가는 거리는?
　.............. km
- 기준 단위는?
　　(L , km)

답 ....

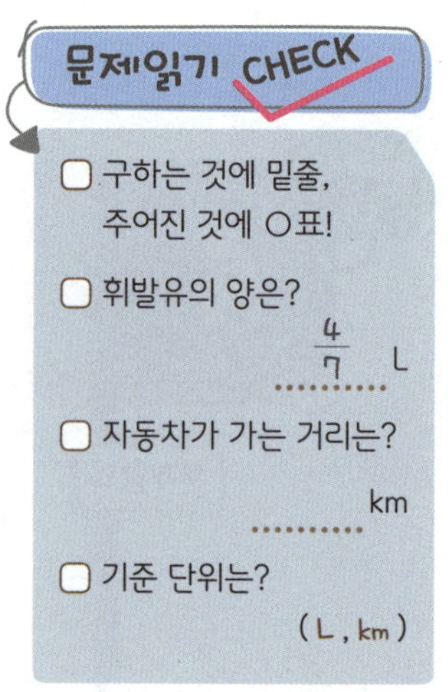

3 동재와 원우가 각각 일정한 빠르기로 걷는다면 1 km를 걷는 데 시간이 더 오래 걸리는 사람은 누구인지 구하세요.

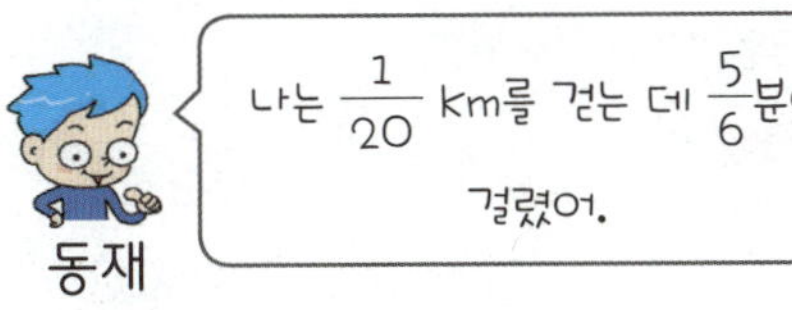

동재

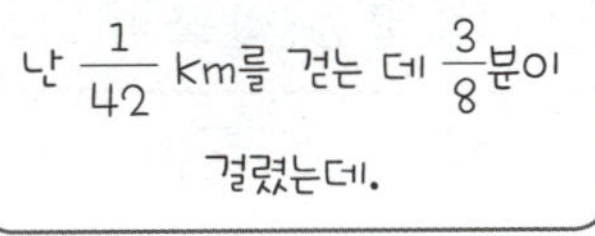

원우

풀이

❶ 동재와 원우가 1 km를 걷는 데 걸린 시간을 각각 구하세요.

❷ 1 km를 걷는 데 시간이 더 오래 걸리는 사람은 누구인지 구하세요.

답 ....

도전!

4 가로가 $1\frac{3}{8}$ m, 세로가 2 m인 직사각형 모양의 벽면을 칠하는 데 $\frac{11}{14}$ L의 페인트를 사용했습니다. 1 L의 페인트로 몇 m^2의 벽면을 칠할 수 있는지 구하세요.

풀이

❶ 직사각형 모양 벽면의 넓이는 몇 m^2인지 구하세요.

❷ 1 L의 페인트로 칠할 수 있는 벽면의 넓이는 몇 m^2인지 구하세요.

답 ....

분수의 나눗셈 응용

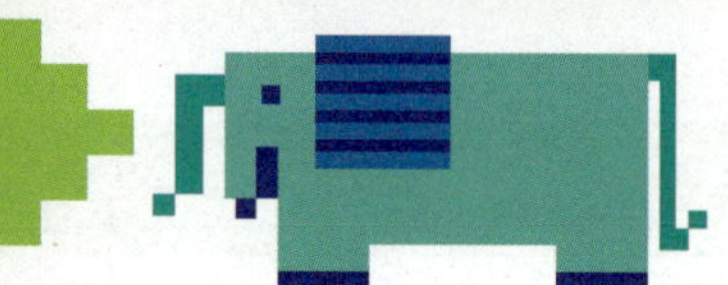

대표문제 1

어느 수도에서 1분 동안 물이 $\dfrac{5}{8}$ L 나옵니다. 물이 일정한 빠르기로 나온다면 물을 $6\dfrac{5}{6}$ L 받는 데 몇 분 몇 초가 걸리는지 구하세요.

문제읽고

❶ 구하는 것에 밑줄 치고, 주어진 것에 ○표 하세요.

❷ $\dfrac{\triangle}{60}$ 분은 몇 초일까요? '분'을 '초'로 나타내세요.

$$1분 = 60초 \;\Rightarrow\; \dfrac{1}{60}분 = 1초 \;\Rightarrow\; \dfrac{\triangle}{60}분 = \text{........초}$$

풀이쓰고

❸ 물을 $6\dfrac{5}{6}$ L 받는 데 몇 분이 걸리는지 분수로 나타내세요.

$$6\dfrac{5}{6} \div (\text{1분 동안 나오는 물의 양}) = \underline{\hspace{4cm}} = \underline{\hspace{2cm}} (분)$$
대분수

❹ 물을 $6\dfrac{5}{6}$ L 받는 데 몇 분 몇 초가 걸리는지 구하세요.

$$10\dfrac{14}{15}분 = 10\dfrac{\boxed{}}{60}분이므로 \;10분\;\text{............초가 걸립니다.}$$

❺ 답을 쓰세요.   물을 $6\dfrac{5}{6}$ L 받는 데 ______________________ 가 걸립니다.

한단계 UP 2

기차가 1시간 40분 동안 $155\dfrac{5}{9}$ km를 달렸습니다.

이와 같은 빠르기로 3시간 동안 달린다면 몇 km를 갈 수 있는지 구하세요.

문제읽고

❶ 구하는 것에 밑줄 치고, 주어진 것에 ○표 하세요.

❷ ●분은 몇 시간일까요? '분'을 '시간'으로 나타내세요.

$$60분 = 1시간 \;\Rightarrow\; 1분 = \dfrac{1}{60}시간 \;\Rightarrow\; ●분 = \text{............ 시간}$$

풀이쓰고

❸ 기차가 3시간 동안 갈 수 있는 거리를 구하세요.

$$1시간\;40분 = 1\dfrac{\boxed{}}{60}시간 = 1\dfrac{\boxed{}}{3}시간이므로$$

(기차가 1시간 동안 갈 수 있는 거리) = (달린 거리) ÷ (걸린 시간)

$$= \underline{\hspace{5cm}} = \underline{\hspace{2cm}} (km)$$
가분수

➡ (기차가 3시간 동안 갈 수 있는 거리) = (기차가 1시간 동안 갈 수 있는 거리) × 3

$$= \underline{\hspace{5cm}} = \underline{\hspace{2cm}} (km)$$

❹ 답을 쓰세요.   기차가 3시간 동안 달린다면 ____________________ 를 갈 수 있습니다.

3 대표문제

주스 ②L 중에서 $\dfrac{3}{4}$ L를 마시고,

남은 주스를 한 컵에 $\dfrac{5}{16}$ L씩 나누어 담으려고 합니다.

컵은 몇 개 필요한가요?

문제읽고

❶ 무엇을 구하는 문제인가요? 구하는 것에 밑줄 치세요.

❷ 주어진 것은 무엇인가요? ○표 하고 답하세요.

처음에 있던 주스의 양 : .... L, 마신 주스의 양 : .... L,

한 컵에 담는 주스의 양 : L

풀이쓰고

❸ 필요한 컵의 수를 구하세요.

(남은 주스의 양) = 2 (+ , −) .... = ... (L)
　　　　　　　　　　　　　　　　　　　　가분수

(필요한 컵의 수) = (남은 주스의 양)÷(한 컵에 담는 주스의 양)

　　　　　　　　= .... = ...(개)

❹ 답을 쓰세요.　컵은 .... 필요합니다.

4 한번 더 OK

길이가 $\dfrac{8}{9}$ m인 색 테이프 3개를 겹치지 않게 길게 이어 붙인 후

$\dfrac{4}{27}$ m씩 잘랐습니다. 색 테이프는 몇 도막이 되는지 구하세요.

문제읽고

❶ 무엇을 구하는 문제인가요? 구하는 것에 밑줄 치세요.

❷ 주어진 것은 무엇인가요? ○표 하고 답하세요.

색 테이프의 길이 : .... m, 이어 붙인 색 테이프의 수 : ....개,

자른 색 테이프의 한 도막의 길이 : .... m

풀이쓰고

❸ 색 테이프의 도막 수를 구하세요.

(이어 붙인 색 테이프의 길이) = ... (× , ÷) 3 = ... (m)
　　　　　　　　　　　　　　　　　　　　　　　　가분수

(색 테이프의 도막 수) = (이어 붙인 색 테이프의 길이)÷(한 도막의 길이)

　　　　　　　　= .... = ...(도막)

❹ 답을 쓰세요.　색 테이프는 .... 이 됩니다.

1 채윤이는 자전거를 타고 산책로를 한 바퀴 도는 데 15분이 걸립니다. 일정한 빠르기로 자전거를 탄다면 2시간 동안 산책로를 몇 바퀴 돌 수 있는지 구하세요.

풀이

$15분 = \dfrac{\boxed{}}{60}시간 = \dfrac{1}{\boxed{}}시간이므로$

(2시간 동안 산책로를 돌 수 있는 바퀴 수)

= 2 (✕ , ÷) (한 바퀴를 도는 데 걸리는 시간)

= ⋯⋯⋯⋯⋯⋯⋯⋯⋯⋯⋯ = ⋯⋯⋯(바퀴)

답 ⋯⋯⋯⋯⋯⋯⋯⋯⋯⋯⋯⋯⋯

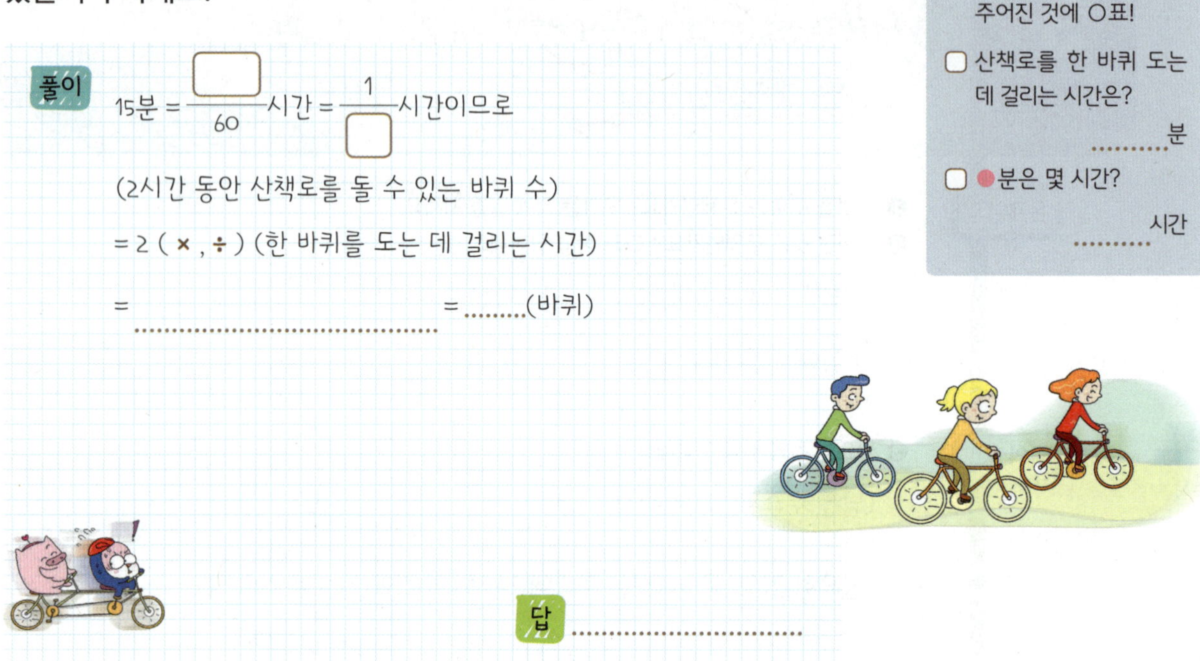

2 소금 20 kg을 6개의 통에 똑같이 나누어 담았습니다. 소금을 하루에 $\dfrac{5}{9}$ kg씩 사용한다면 소금 한 통으로는 며칠 동안 사용할 수 있는지 구하세요.

풀이

❶ 한 통에 담은 소금의 양을 구하세요.

❷ 소금 한 통으로 사용할 수 있는 날수를 구하세요.

답 ⋯⋯⋯⋯⋯⋯⋯⋯⋯⋯⋯⋯⋯

3 어떤 기계로 제품의 부품을 한 개 만드는 데 $\dfrac{9}{11}$ 시간이 걸립니다. 이 기계를 하루에 $5\dfrac{2}{5}$ 시간씩 5일 동안 가동한다면 부품을 모두 몇 개 만들 수 있는지 구하세요.

풀이 ❶ 기계를 가동하는 시간은 모두 몇 시간인지 구하세요.

❷ ❶에서 구한 시간 동안 만들 수 있는 부품의 수를 구하세요.

답 ....

4 굵기가 일정한 10 cm 길이의 양초에 불을 붙이고 3분 30초가 지난 후 양초의 길이를 재었더니 $5\dfrac{1}{10}$ cm였습니다. 양초가 일정한 빠르기로 탈 때 1분 동안 타는 양초의 길이는 몇 cm인지 구하세요.

풀이 ❶ 3분 30초 동안 탄 양초의 길이를 구하세요.

❷ 1분 동안 타는 양초의 길이를 구하세요.

답 ....

곱셈식에서 □ 구하기

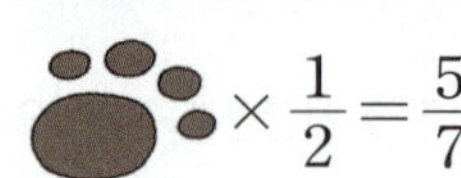

1

우리 집 강아지가 곱셈식의 일부분을 밟아서 얼룩졌습니다.
얼룩진 부분의 수를 구하세요.

$$□ \times \frac{1}{2} = \frac{5}{7}$$

문제읽고

❶ 무엇을 구하는 문제인가요? 구하는 것에 밑줄 치세요.

풀이쓰고

❷ 얼룩진 부분의 수를 □라고 하여 식을 만들고, □를 구하세요.

식 $□ \times$ ⋯⋯⋯⋯⋯⋯ $=$ ⋯⋯⋯⋯⋯

→ 계산 $□ =$ ⋯⋯⋯⋯⋯⋯⋯⋯⋯⋯⋯⋯ $=$ ⋯⋯⋯⋯
대분수

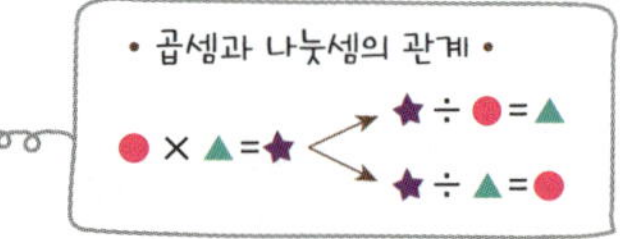

❸ 답을 쓰세요.

얼룩진 부분의 수는 ⋯⋯⋯⋯⋯⋯⋯ 입니다.

한번 더 OK

2

넓이가 $2\frac{1}{3}$ cm²인 평행사변형이 있습니다.

밑변의 길이가 $1\frac{2}{5}$ cm일 때 높이는 몇 cm인가요?

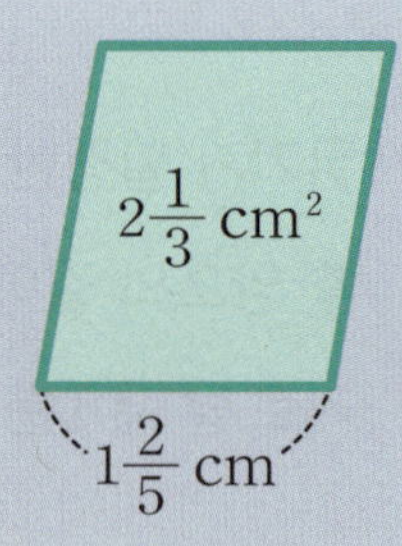

문제읽고

❶ 무엇을 구하는 문제인가요? 구하는 것에 밑줄 치세요.
❷ 주어진 것은 무엇인가요? ○표 하고 답하세요.

평행사변형의 넓이 : ⋯⋯⋯⋯⋯ cm², 밑변의 길이 : ⋯⋯⋯⋯⋯ cm

풀이쓰고

❸ 높이를 □ cm라고 하여 식을 만들고, □를 구하세요.

(평행사변형의 넓이) = (밑변의 길이) × (높이)이므로

→ 식 ⋯⋯⋯⋯⋯ $\times □ =$ ⋯⋯⋯⋯⋯

→ 계산 $□ =$ ⋯⋯⋯⋯⋯⋯⋯⋯⋯⋯ $=$ ⋯⋯⋯⋯
대분수

❹ 답을 쓰세요.

높이는 ⋯⋯⋯⋯⋯⋯⋯ 입니다.

3 재현이는 병에 담겨 있던 우유의 $\frac{3}{5}$ 을 마셨습니다.

마신 우유의 양이 $\frac{5}{6}$ L일 때 병에 담겨 있던 우유는 몇 L인지 구하세요.

문제읽고

❶ 무엇을 구하는 문제인가요? 구하는 것에 밑줄 치세요.

❷ 주어진 것은 무엇인가요? ○표 하고 답하세요.

마신 우유 : 병에 담겨 있던 우유의 ...., 마신 우유의 양 : L

풀이쓰고

❸ 병에 담겨 있던 우유의 양을 □ L라고 하여 식을 만들고, □를 구하세요.

(마신 우유의 양) = (병에 담겨 있던 우유의 양) × $\frac{3}{5}$이므로

➡ 식　□× .... = ...

➡ 계산　□ = ... = ...
대분수

❹ 답을 쓰세요.　병에 담겨 있던 우유는 .... 입니다.

4 어떤 수에 $\frac{6}{11}$ 을 곱했더니 $\frac{4}{3}$ 가 되었습니다.

어떤 수를 $\frac{2}{3}$ 로 나눈 몫은 얼마인가요?

문제읽고

❶ 구하는 것에 밑줄 치고, 주어진 것에 ○표 하세요.

풀이쓰고

❷ 어떤 수를 □라고 하여 식을 만들고, □를 구하세요.

어떤 수에 $\frac{6}{11}$ 을 곱했더니 $\frac{4}{3}$ 가 되었습니다.

➡ 식　□× .... = ...

➡ 계산　□ = ... = ...
가분수

❸ 어떤 수를 $\frac{2}{3}$ 로 나눈 몫은 얼마인지 구하세요.

(어떤 수) ÷ $\frac{2}{3}$ = ... ÷ $\frac{2}{3}$ = ... × .... = ...
대분수

❹ 답을 쓰세요.　어떤 수를 $\frac{2}{3}$ 로 나눈 몫은 .... 입니다.

1 어떤 수를 $\dfrac{6}{23}$ 으로 나누어야 하는데 잘못하여 곱했더니 $\dfrac{15}{23}$ 가 되었습니다. 바르게 계산하면 얼마인가요?

풀이 ❶ 어떤 수를 ☐ 라고 하여 잘못 계산한 식을 만들고, ☐ 를 구하세요.

☐ (× , ÷) .... = ... 입니다.

☐ 를 구하면 ☐ = ... = ... (가분수)

❷ 바르게 계산하세요.

(어떤 수) ÷ $\dfrac{6}{23}$ = ... = ... (대분수)

답 ....

2 오른쪽 사다리꼴의 넓이는 $5\dfrac{7}{8}$ cm²입니다. 이 사다리꼴의 윗변의 길이는 몇 cm인지 구하세요.

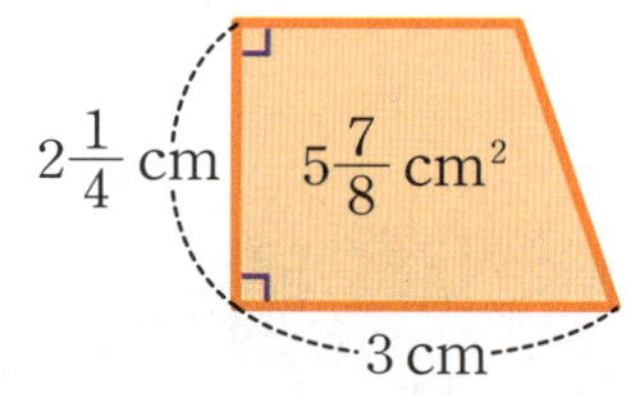

풀이 ❶ 사다리꼴의 넓이를 구하는 공식을 완성하세요.

(사다리꼴의 넓이)

= ((............... 변의 길이) + (............... 변의 길이)) × (높이) ÷ ....

❷ 윗변의 길이를 ☐ cm라고 하여 식을 만들고, ☐ 를 구하세요.

식 (☐ + ...) × .... ÷ 2 = $5\dfrac{7}{8}$

→ 계산 (☐ + ...) × .... = ... (가분수)

☐ + ... = ... (가분수)

☐ = ... (대분수)

답 ....

3 희원이는 오늘까지 세계사책의 $\frac{1}{3}$을 읽었습니다. 오늘까지 읽고 남은 쪽수가 110쪽이라면 세계사책 전체 쪽수는 몇 쪽인지 구하세요.

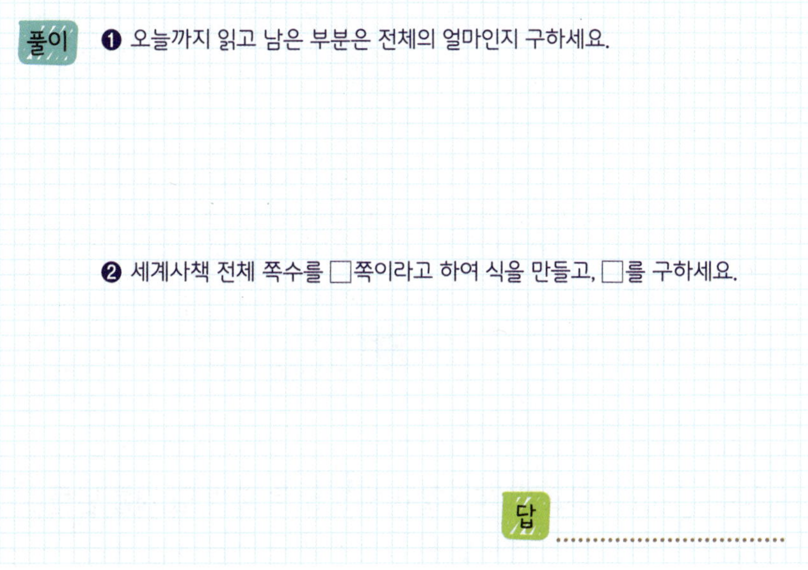

풀이 ❶ 오늘까지 읽고 남은 부분은 전체의 얼마인지 구하세요.

❷ 세계사책 전체 쪽수를 ☐쪽이라고 하여 식을 만들고, ☐를 구하세요.

답 ....

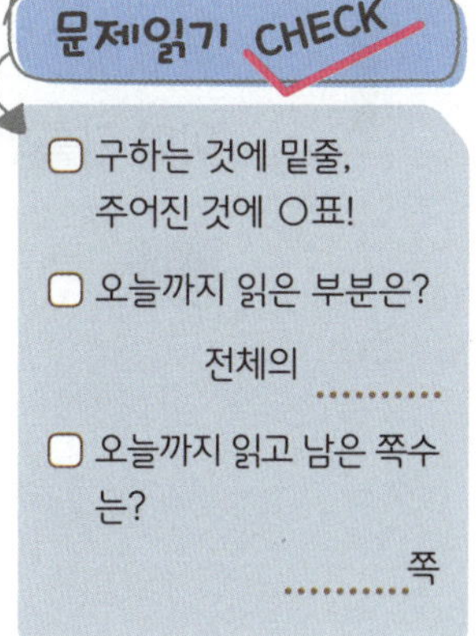

도전!

4 떨어진 높이의 $\frac{3}{4}$만큼 튀어 오르는 공이 있습니다. 이 공을 떨어뜨렸을 때 두 번째로 튀어 오른 높이가 $2\frac{5}{8}$ m였다면 처음 공을 떨어뜨린 높이는 몇 m인지 구하세요.

풀이 ❶ 처음 공을 떨어뜨린 높이를 ☐ m라고 하여 식을 완성하세요.

첫 번째로 튀어 오른 높이 : ☐ × ....

두 번째로 튀어 오른 높이 : ☐ × $\frac{3}{4}$ × $\frac{3}{4}$ = ...

❷ ❶에서 만든 식을 계산하여 ☐를 구하세요.

답 ....

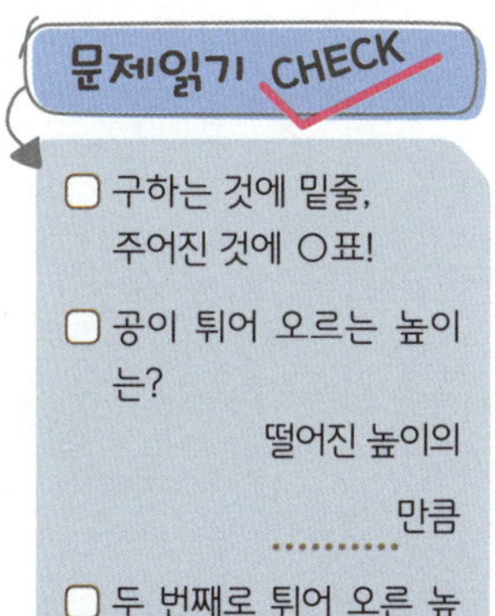

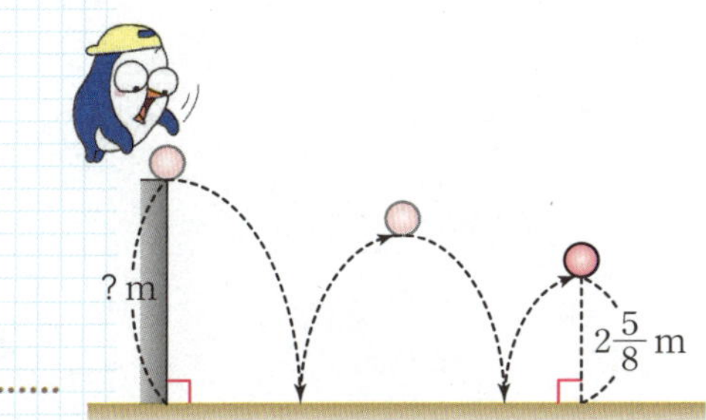

문장제 서술형 평가

1 멀리뛰기 기록이 소희는 $\dfrac{14}{15}$ m이고, 명진이는 $\dfrac{6}{7}$ m입니다. 소희의 기록은 명진이의 기록의 몇 배인가요? **(5점)**

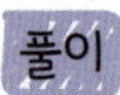 풀이

 답 ....

2 모빌 1개를 만드는 데 철사 $\dfrac{5}{8}$ m가 필요합니다. 철사 $3\dfrac{1}{8}$ m로 모빌 몇 개를 만들 수 있는지 구하세요. **(5점)**

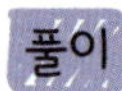 풀이

 답 ....

3 페인트 $\dfrac{8}{9}$ L로 벽면 $\dfrac{20}{21}$ m²를 칠할 수 있습니다. 페인트 7 L로 칠할 수 있는 벽면은 몇 m²인지 구하세요. **(6점)**

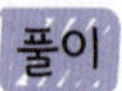 풀이

답 ....

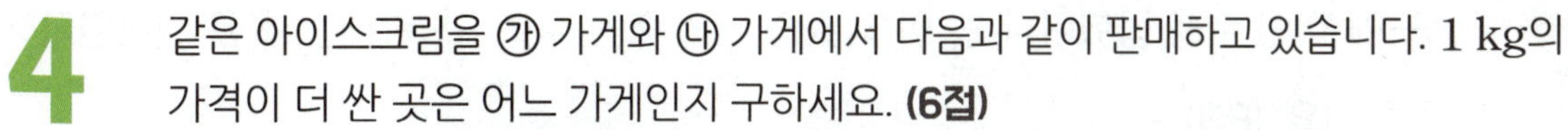

4 같은 아이스크림을 ㉮ 가게와 ㉯ 가게에서 다음과 같이 판매하고 있습니다. 1 kg의 가격이 더 싼 곳은 어느 가게인지 구하세요. **(6점)**

	무게	가격
㉮ 가게	$\frac{4}{5}$ kg	5000원
㉯ 가게	$\frac{2}{3}$ kg	4000원

풀이

답 ....

5 오른쪽 삼각형의 넓이는 $1\frac{3}{7}$ cm²입니다. 높이가 $1\frac{1}{14}$ cm일 때 밑변의 길이는 몇 cm인지 구하세요. **(7점)**

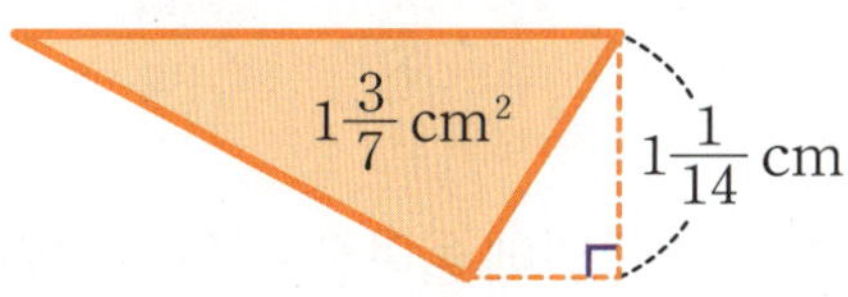

풀이

답 ....

6 굵기가 일정한 양초가 2분 45초 동안 4 cm 탔습니다. 양초가 일정한 빠르기로 탈 때 11분 동안 타는 양초의 길이는 몇 cm인지 구하세요. **(7점)**

풀이

답 ....

7 $\dfrac{3}{4}$에 어떤 수를 곱했더니 $\dfrac{1}{2}$이 되었습니다. 어떤 수를 $\dfrac{5}{6}$로 나눈 몫은 얼마인지 구하세요. **(8점)**

 풀이

 답 ....

8 □ 안에 들어갈 수 있는 자연수는 모두 몇 개인가요? **(8점)**

$$6\dfrac{3}{4} \div 1\dfrac{2}{7} < □ < 7\dfrac{1}{7} \div \dfrac{5}{8}$$

풀이

답 ....

서로 다른 부분 9군데를 찾아 ○표 해 주세요.

지난여름, 가족들과 잠수함을 타고 바닷속을 구경했어요.
에메랄드빛 바다와 물고기 친구들이 참 예뻤답니다.
물고기처럼 자유롭게 수영할 수 있다면 얼마나 좋을까요?

▶ 쉬어가기 정답은 128쪽에 있습니다.

2 소수의 나눗셈

교재 날짜	공부할 내용	공부한 날짜	스스로 평가		
7일	개념 확인하기	/	☺	☺	☹
8일	소수의 나눗셈	/	☺	☺	☹
9일	몫을 반올림하여 나타내기	/	☺	☺	☹
10일	소수의 나눗셈 응용	/	☺	☺	☹
11일	문장제 서술형 평가	/	☺	☺	☹

무엇을 배울까요?

나누는 수가 소수인 나눗셈 상황을 이해하고 계산해요.

1학기 때 자연수로 나누었을 때 몫이 소수가 되는 나눗셈을 배웠어요.
이번에는 나누는 수가 소수인 나눗셈을 배울 거예요.
일상생활에서 사용하는 길이, 무게, 부피 등의 양을 측정하면 대부분 소수로 표현되어,
이런 상황의 문제를 해결하려면 소수의 나눗셈을 풀 수 있어야 해요.
소수로 나눈다고 하니 어렵게 느껴지나요? 나누는 수와 나누어지는 수의 소수점을
똑같이 옮겨서 '나누는 수가 자연수가 되도록' 하여 계산한다는 것을 명심하면 돼요.

개념 확인하기

1 1.68÷0.06을 두 가지 방법으로 계산하세요.

방법1 $1.68 \div 0.06$

100배   100배

$\boxed{} \div \boxed{6} = \boxed{}$

$1.68 \div 0.06 = \boxed{}$

방법2 $1.68 \div 0.06$

$= \dfrac{168}{100} \div \dfrac{\boxed{}}{100}$

$= \boxed{} \div \boxed{} = \boxed{}$

2 계산해 보세요.

(1)

$0.9 \overline{)5.4}$

(2)

$0.2\,7 \overline{)3.7\,8}$

(3)

$0.4 \overline{)9.4\,4}$

(4)

$2.8 \overline{)3.6\,4}$

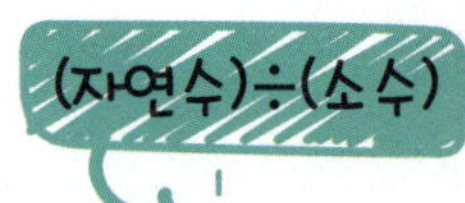

3 계산해 보세요.

(1)

$5.2 \overline{)2\,6}$

(2)

$1.7\,5 \overline{)7}$

4 계산해 보세요.

(1) $24 \div 8 = $ ....

$24 \div 0.8 = $ ....

$24 \div 0.08 = $ ....

(2) $3.36 \div 0.08 = $ ....

$33.6 \div 0.08 = $ ....

$336 \div 0.08 = $ ....

5 $9 \div 7$의 몫을 반올림하여 나타내세요.

(1) $9 \div 7$의 몫을 소수 둘째 자리까지 계산하세요.

(2) $9 \div 7$의 몫을 반올림하여 일의 자리까지 나타내세요. ➡ ....

(3) $9 \div 7$의 몫을 반올림하여 소수 첫째 자리까지 나타내세요. ➡ ....

$$7 \overline{)9.0\,0}$$

6 몫을 반올림하여 주어진 자리까지 나타내세요.

(1) 일의 자리까지 나타내기

$$3 \overline{)1\,1}$$

➡ ....

(2) 소수 둘째 자리까지 나타내기

$$7 \overline{)6.5}$$

➡ ....

7 끈 27.3 m를 한 사람당 5 m씩 나누어 주려고 합니다. 나누어 줄 수 있는 사람 수와 남는 끈의 길이를 두 가지 방법으로 구하세요.

방법1 덜어 내어 계산하는 방법

$27.3 - 5 - 5 - \underline{\quad} - \underline{\quad} - \underline{\quad} = \underline{\quad}$

➡ 나누어 줄 수 있는 사람 수 : ....명

남는 끈의 길이 : .... m

방법2 나눗셈의 몫을 자연수까지만 계산하는 방법

$$5 \overline{)2\,7.3}$$

➡ 나누어 줄 수 있는 사람 수 : ....명

남는 끈의 길이 : .... m

소수의 나눗셈

대표문제

1

길이가 14.85 m인 색 테이프를 1.35 m씩 잘라 리본을 만들려고 합니다.
리본은 몇 개 만들 수 있는지 구하세요.

문제읽고

❶ 무엇을 구하는 문제인가요? 구하는 것에 밑줄 치세요.

❷ 주어진 것은 무엇인가요? ○표 하고 답하세요.

   전체 색 테이프의 길이 : .... m, 리본 1개의 길이 : .... m

풀이쓰고

❸ 식을 쓰세요.

   (만들 수 있는 리본의 수)

   = (전체 색 테이프의 길이) (× , ÷) (리본 1개의 길이)

   = ... = ... (개)

❹ 답을 쓰세요.

   리본은 .... 만들 수 있습니다.

한번 더 OK

2

넓이가 24 cm²인 직사각형이 있습니다.
가로가 4.8 cm일 때 세로는 몇 cm인가요?

문제읽고

❶ 구하는 것에 밑줄 치고, 주어진 것에 ○표 하세요.

❷ 식을 바꾸어 나타내세요.

   (직사각형의 넓이) = (가로) × (세로)

   ➡ (세로) = (직사각형의 넓이) ÷ (.....................)

풀이쓰고

❸ 식을 쓰세요.

   (세로) = ... (× , ÷) ....

   = ... (cm)

❹ 답을 쓰세요.

   직사각형의 세로는 .... 입니다.

3

휘발유 0.6 L로 7.44 km를 가는 자동차가 있습니다.
이 자동차는 휘발유 1 L로 몇 km를 갈 수 있는지 구하세요.

문제읽고

❶ 구하는 것에 밑줄 치고, 주어진 것에 ◯표 하세요.

❷ 휘발유 1 L로 갈 수 있는 거리를 구하려면 어떻게 해야 하나요?

거리 ＿＿＿＿＿＿ km를 휘발유의 양 ＿＿＿＿＿ L로 (**곱합니다** , **나눕니다**).

풀이쓰고

❸ 식을 쓰세요.

(휘발유 1 L로 갈 수 있는 거리)

= (거리) (× , ÷) (휘발유의 양)

= ＿＿＿＿＿＿＿＿＿＿＿＿＿＿ = ＿＿＿＿＿ (km)

❹ 답을 쓰세요.

이 자동차는 휘발유 1 L로 ＿＿＿＿＿＿＿＿를 갈 수 있습니다.

4

㉮ 회사에서 파는 강아지 사료는 3.5 kg당 42000원이고,
㉯ 회사에서 파는 강아지 사료는 6.12 kg당 67320원입니다.
같은 양의 강아지 사료를 산다면 어느 회사가 더 저렴한지 구하세요.

문제읽고

❶ 무엇을 구하는 문제인가요? 구하는 것에 밑줄 치세요.

❷ 주어진 것은 무엇인가요? ◯표 하고 답하세요.

㉮ 회사 사료 3.5 kg의 가격 : ＿＿＿＿＿＿원

㉯ 회사 사료 6.12 kg의 가격 : ＿＿＿＿＿＿원

풀이쓰고

❸ ㉮ 회사와 ㉯ 회사 사료 1 kg의 가격을 각각 구하세요.

(㉮ 회사 사료 1 kg의 가격) = ＿＿＿＿＿＿＿＿＿＿ = ＿＿＿＿＿ (원)

(㉯ 회사 사료 1 kg의 가격) = ＿＿＿＿＿＿＿＿＿＿ = ＿＿＿＿＿ (원)

❹ ㉮ 회사와 ㉯ 회사 사료 1 kg의 가격을 비교하세요.

＿＿＿＿＿＿＿ > ＿＿＿＿＿＿＿이므로

(㉮ **회사** , ㉯ **회사**) 사료 1 kg의 가격이 더 저렴합니다.

❺ 답을 쓰세요.

같은 양의 강아지 사료를 산다면 ＿＿＿＿＿＿＿가 더 저렴합니다.

문장제 실력쌓기 1

1 아버지의 키는 1 m 82 cm이고, 은아의 키는 1 m 40 cm입니다. 아버지 키는 은아 키의 몇 배인가요?

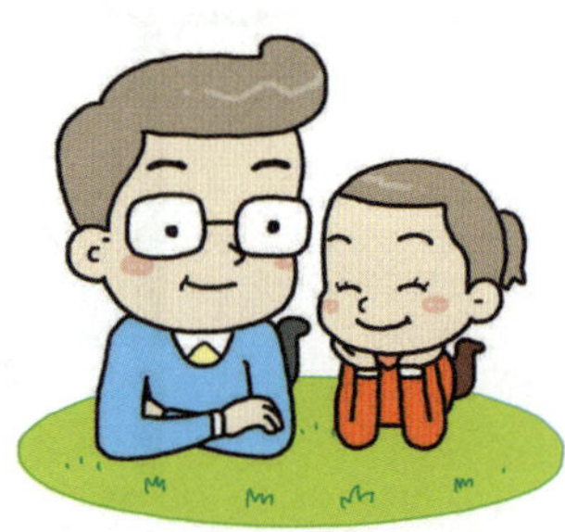

풀이 아버지의 키와 은아의 키를 m 단위로 나타내면

1 m 82 cm = 1.82 m, 1 m 40 cm = ... m입니다.

(아버지의 키) (× , ÷) (은아의 키)

= ....

= ....(배)

답 ....

문제읽기 CHECK

- ☐ 구하는 것에 밑줄, 주어진 것에 ○표!
- ☐ 아버지의 키는? ...... m ...... cm
- ☐ 은아의 키는? ...... m ...... cm

2 둘레가 24.3 m인 원 모양의 울타리에 2.7 m 간격으로 기둥을 세우려고 합니다. 기둥은 몇 개 세울 수 있는지 구하세요. (단 기둥의 두께는 생각하지 않습니다.)

풀이

답 ....

문제읽기 CHECK

- ☐ 구하는 것에 밑줄, 주어진 것에 ○표!
- ☐ 원 모양의 울타리의 둘레는? .... m
- ☐ 기둥의 간격은? .... m

3 1.25 L짜리 음료수 3병이 있습니다. 음료수를 컵 한 개에 0.25 L씩 모두 나누어 담으려고 합니다. 필요한 컵은 몇 개인가요?

풀이

❶ 1.25 L짜리 음료수 3병에 담긴 음료수는 모두 몇 L인지 구하세요.

❷ 필요한 컵의 수를 구하세요.

답 ....

4 자동차가 1시간 30분 동안 141 km를 달렸습니다. 이 자동차가 일정한 빠르기로 달렸다면 1시간 동안 달린 거리는 몇 km인지 구하세요.

풀이

❶ 1시간 30분은 몇 시간인지 소수로 나타내세요.

❷ 자동차가 1시간 동안 달린 거리를 구하세요.

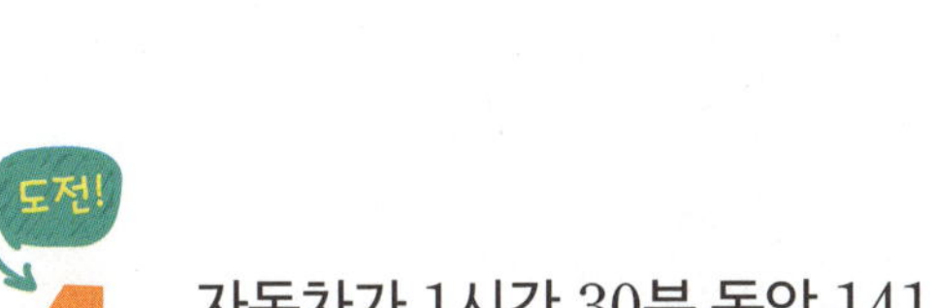

답 ....

몫을 반올림하여 나타내기

대표문제 1

배 상자의 무게는 5 kg, 사과 상자의 무게는 3 kg입니다.
배 상자 무게는 사과 상자 무게의 몇 배인지
반올림하여 일의 자리까지 나타내세요.

문제읽고

❶ 구하는 것에 밑줄 치고, 주어진 것에 ○표 하세요.

❷ 몫이 나누어떨어지지 않을 때에는 어떻게 해야 하나요? 알맞은 수에 모두 ○표 하세요.

몫을 **반올림**하여 나타내야 합니다. 반올림은 구하려는 자리 바로 아래 자리의 숫자가
(⓪ , ① , 2 , 3 , 4 , 5 , 6 , 7 , 8 , 9)이면 버리고,
(0 , 1 , 2 , 3 , 4 , 5 , 6 , 7 , 8 , 9)이면 올려서 어림하는 방법입니다.

풀이쓰고

❸ 배 상자 무게는 사과 상자 무게의 몇 배인지 반올림하여 일의 자리까지 나타내세요.

(배 상자의 무게)÷(사과 상자의 무게)의 몫을 소수 첫째 자리까지 계산하면

$$\cdots\cdots\cdots\cdots = \boxed{} . \boxed{} \cdots\cdots$$

→ 몫의 **소수 첫째 자리** 숫자가 ....이므로

반올림하여 **일의 자리**까지 나타내면

배 상자 무게는 사과 상자 무게의 ....배입니다.

❹ 답을 쓰세요.   배 상자 무게는 사과 상자 무게의 ....입니다.

한번 더 OK 2

굵기가 일정하고 무게가 40 kg인 철근 13 m가 있습니다.
이 철근 1 m의 무게는 몇 kg인지 반올림하여 소수 첫째 자리까지 나타내세요.

문제읽고

❶ 무엇을 구하는 문제인가요? 구하는 것에 밑줄 치세요.

❷ 주어진 것은 무엇인가요? ○표 하고 답하세요.

철근의 무게 : .... kg, 철근의 길이 : .... m

풀이쓰고

❸ 철근 1 m의 무게는 몇 kg인지 반올림하여 소수 첫째 자리까지 나타내세요.

(철근의 무게)÷(철근의 길이)의 몫을 소수 둘째 자리까지 계산하면

$$\cdots\cdots\cdots\cdots = \boxed{} . \boxed{}\boxed{} \cdots\cdots$$

→ 몫의 **소수 둘째 자리** 숫자가 ....이므로

반올림하여 **소수 첫째 자리**까지 나타내면 철근 1 m의 무게는 .... kg입니다.

❹ 답을 쓰세요.   철근 1 m의 무게는 ....입니다.

대표 문제 3

주스 2.4 L를 7명이 똑같이 나누어 마시려고 합니다.
한 사람이 마실 수 있는 주스는 몇 L인지
반올림하여 소수 둘째 자리까지 나타내세요.

문제읽고

❶ 무엇을 구하는 문제인가요? 구하는 것에 밑줄 치세요.

❷ 주어진 것은 무엇인가요? ○표 하고 답하세요.

　주스의 양 : ＿＿＿＿＿ L, 나누어 마시는 사람 수 : ＿＿＿＿명

풀이쓰고

❸ 한 사람이 마실 수 있는 주스는 몇 L인지 반올림하여 소수 둘째 자리까지 나타내세요.

　(주스의 양)÷(나누어 마시는 사람 수)의 몫을 소수 셋째 자리까지 계산하면

　＿＿＿＿＿＿＿＿＿ = □.□□□ ……

→ 몫의 소수 셋째 자리 숫자가 ＿＿＿이므로

　반올림하여 소수 둘째 자리까지 나타내면

　한 사람이 마실 수 있는 주스는 ＿＿＿＿＿ L입니다.

❹ 답을 쓰세요.　한 사람이 마실 수 있는 주스는 ＿＿＿＿＿입니다.

한단계 UP 4

몫의 소수 10째 자리 숫자를 구하세요.

$$6 \div 11$$

문제읽고

❶ 무엇을 구하는 문제인가요? 구하는 것에 밑줄 치세요.

풀이쓰고

❷ 6÷11의 몫을 소수 여섯째 자리까지 계산하세요.

　6÷11 = □.□□□□□□ ……

❸ ❷에서 계산한 몫의 소수점 아래 숫자가 반복되는 규칙을 찾아 몫의 소수 10째 자리 숫자를 구하세요.

　몫의 소수점 아래 숫자는 ＿＿, ＿＿가 반복되는 규칙입니다.

　따라서 몫의 소수 10째 자리 숫자는 ＿＿입니다.

❹ 답을 쓰세요.　6÷11의 몫의 소수 10째 자리 숫자는 ＿＿＿＿＿입니다.

1 관우네 교실 긴 쪽의 길이는 관우의 걸음으로 12걸음입니다. 12걸음의 길이가 700 cm라면 관우의 한 걸음은 몇 cm인지 반올림하여 일의 자리까지 나타내세요.

문제읽기 CHECK

☐ 구하는 것에 밑줄, 주어진 것에 ○표!

☐ 관우 12걸음의 길이는?
.... cm

풀이 (관우 12걸음의 길이)÷12의 몫을 소수 첫째 자리까지 계산하면

.... ÷12 = ☐☐.☐ ……

→ 몫의 소수 첫째 자리 숫자가 .... 이므로

반올림하여 일의 자리까지 나타내면

관우의 한 걸음은 .... cm입니다.

답 ....

2 7분 동안 4.8 cm가 타는 양초가 있습니다. 양초가 타는 빠르기가 일정할 때 1분 동안 탄 양초의 길이는 몇 cm인지 반올림하여 소수 첫째 자리까지 나타내세요.

문제읽기 CHECK

☐ 구하는 것에 밑줄, 주어진 것에 ○표!

☐ 양초가 탄 시간과 길이는?
탄 시간 : .... 분
탄 길이 : .... cm

풀이 ❶ 양초가 1분 동안 탄 길이를 구하는 식을 세워 나눗셈의 몫을 소수 둘째 자리까지 계산하세요.

❷ 양초가 1분 동안 탄 길이는 몇 cm인지 반올림하여 소수 첫째 자리까지 나타내세요.

답 ....

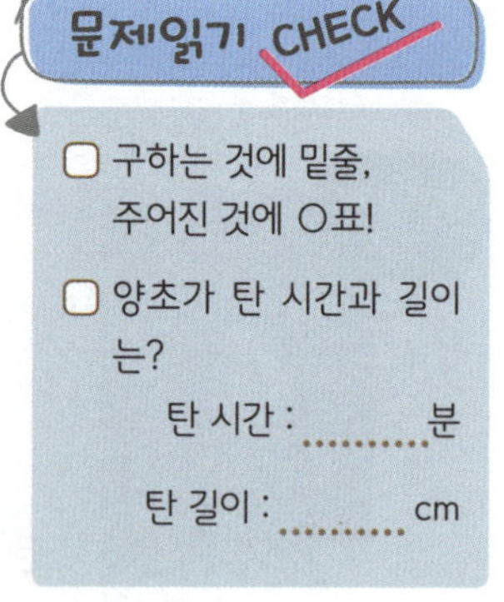

3 몫의 소수 35째 자리 숫자를 구하세요.

$$3.7 \div 2.7$$

풀이

❶ 3.7÷2.7의 몫을 소수 여섯째 자리까지 계산하고, 몫의 소수점 아래 숫자가 반복되는 규칙을 찾아 쓰세요.

3.7÷2.7 = ☐.☐☐☐☐☐☐ ……

규칙 ________________________________

____

❷ 몫의 소수 35째 자리 숫자를 구하세요.

답 ________________________________

---

4 어느 날 낮의 길이가 밤의 길이보다 3시간 더 깁니다. 이 날 낮의 길이는 밤의 길이의 몇 배인지 반올림하여 소수 둘째 자리까지 나타내세요.

풀이

❶ 밤의 길이를 ☐시간이라고 하여 밤의 길이와 낮의 길이를 각각 구하세요.

❷ 낮의 길이는 밤의 길이의 몇 배인지 반올림하여 소수 둘째 자리까지 나타내세요.

답 ________________________________

소수의 나눗셈 응용

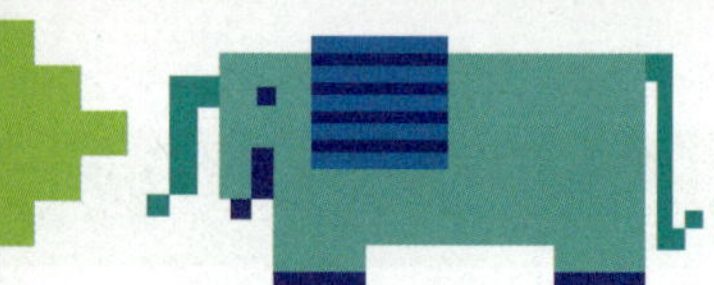

대표 문제

1

페인트 17.1 L를 하루에 3 L씩 사용하려고 합니다.
사용할 수 있는 날수와 남는 페인트의 양을 구하세요.

문제읽고

❶ 무엇을 구하는 문제인가요? 구하는 것에 밑줄 치세요.
❷ 주어진 것은 무엇인가요? ○표 하고 답하세요.

전체 페인트의 양 : .... L, 하루에 사용하는 양 : L

날수는 소수가 아닌 자연수이므로 몫을 자연수까지만 구합니다.

풀이쓰고

❸ 식을 세워 나눗셈의 몫을 자연수까지 계산하고, 사용할 수 있는 날수와 남는 페인트의 양을 구하세요.

(사용할 수 있는 날수) = (전체 페인트의 양)÷(하루에 사용하는 양)

= .... ÷ ....

$$3 \overline{)1\ 7.1}$$

➡ 페인트 17.1 L를 하루에 3 L씩 사용하면

........일 동안 사용할 수 있고, 남는 페인트는 ☐.☐ L입니다.

❹ 답을 쓰세요.

페인트를 사용할 수 있는 날수는 .... 이고, 남는 페인트는 .... 입니다.

한단계 UP

2

감자 5 kg을 한 바구니에 0.4 kg씩 나누어 담으려고 합니다.
남는 감자 없이 모두 바구니에 담으려면 감자는 적어도 몇 kg 더 필요한가요?

문제읽고

❶ 무엇을 구하는 문제인가요? 구하는 것에 밑줄 치세요.
❷ 주어진 것은 무엇인가요? ○표 하고 답하세요.

전체 감자의 양 : .... kg, 한 바구니에 담는 양 : .... kg

풀이쓰고

❸ 식을 세워 나눗셈의 몫을 자연수까지 계산하고, 감자는 적어도 몇 kg 더 필요한지 구하세요.

(담을 수 있는 바구니 수) = (전체 감자의 양)÷(한 바구니에 담는 양)

= .... ÷ ....

$$0\ 4 \overline{)5\ 0}$$

➡ 감자를 .... 바구니에 나누어 담을 수 있고,

남는 감자 없이 모두 바구니에 담으려면

감자는 적어도 0.4− .... = ... (kg) 더 필요합니다.

❹ 답을 쓰세요.   감자는 적어도 .... 더 필요합니다.

3

어떤 수를 2.5로 나누어야 하는데 잘못하여 곱했더니 37.5가 되었습니다.
바르게 계산하면 얼마인지 구하세요.

문제읽고

❶ 구하는 것에 밑줄 치고, 주어진 것에 ○표 하세요.

풀이쓰고

❷ 어떤 수를 □라고 하여 잘못 계산한 식을 만들고, □를 구하세요.

어떤 수에 ....를 곱했더니 ....가 되었습니다.

➡ 식   □×............ = ...

➡ 계산   □ =.................................... = ...

❸ 바르게 계산하세요.

어떤 수를 2.5로 (**곱합니다** , **나눕니다**). ➡ 계산   .... = ...

❹ 답을 쓰세요.   바르게 계산하면 ....입니다.

4

어떤 수를 7로 나누어야 하는데
잘못하여 9로 나누었더니 2.4가 되었습니다.
바르게 계산하면 얼마인지 몫을 반올림하여 소수 첫째 자리까지 나타내세요.

문제읽고

❶ 구하는 것에 밑줄 치고, 주어진 것에 ○표 하세요.

풀이쓰고

❷ 어떤 수를 □라고 하여 잘못 계산한 식을 만들고, □를 구하세요.

어떤 수를 ....로 나누었더니 ....가 되었습니다.

➡ 식   □÷......... = ...

➡ 계산   □ =.................................... = ...

❸ 바르게 계산하면 얼마인지 몫을 반올림하여 소수 첫째 자리까지 나타내세요.

어떤 수를 7로 (**곱합니다** , **나눕니다**).

➡ 계산   .... = □.□□ ……

몫의 소수 둘째 자리 숫자가 ....이므로

반올림하여 소수 첫째 자리까지 나타내면 ....입니다.

❹ 답을 쓰세요.   바르게 계산하면 ....입니다.

1 우유 3 L를 한 사람당 0.8 L씩 나누어 주려고 합니다. 몇 명까지 나누어 줄 수 있는지 구하세요.

풀이 ❶ 식을 쓰세요.

(나누어 줄 수 있는 사람 수)

= (전체 우유의 양) ÷ (한 사람에게 나누어 주는 양)

= .... ÷ ....

❷ ❶에서 만든 식을 자연수까지 계산하여 몇 명까지 나누어 줄 수 있는지 구하세요.

$$0.8 \,)\, 3.0$$

→ 우유 3 L를

한 사람당 0.8 L씩 나누어 주면

.... 명까지 나누어 줄 수 있습니다.

답 ....

문제읽기 CHECK

☐ 구하는 것에 밑줄, 주어진 것에 ○표!

☐ 전체 우유의 양은?
.... L

☐ 한 사람에게 나누어 주는 우유의 양은?
.... L

2 색 테이프 4 m로 상자 한 개를 포장할 수 있습니다. 색 테이프 27.6 m로 똑같은 크기의 상자를 포장할 때, 포장할 수 있는 상자 수와 남는 색 테이프의 길이를 구하세요.

풀이 ❶ 식을 쓰세요.

❷ ❶에서 만든 식을 자연수까지 계산하여 포장할 수 있는 상자 수와 남는 색 테이프의 길이를 구하세요.

답 ...., ...

문제읽기 CHECK

☐ 구하는 것에 밑줄, 주어진 것에 ○표!

☐ 상자 한 개를 포장할 수 있는 색 테이프의 길이는?
.... m

☐ 전체 색 테이프의 길이는?
.... m

3 어떤 수를 2.4로 나누어야 하는데 잘못하여 4.2로 나누었더니 11.2가 되었습니다. 바르게 계산하면 얼마인지 구하세요.

풀이

❶ 어떤 수를 □라고 하여 잘못 계산한 식을 만들고, □를 구하세요.

❷ 바르게 계산하세요.

답

4 어떤 수를 3.5로 나누어야 하는데 잘못하여 곱했더니 16.8이 되었습니다. 바르게 계산하면 얼마인지 몫을 반올림하여 소수 둘째 자리까지 나타내세요.

풀이

❶ 어떤 수를 □라고 하여 잘못 계산한 식을 만들고, □를 구하세요.

❷ 바르게 계산하면 얼마인지 몫을 반올림하여 소수 둘째 자리까지 나타내세요.

답

문장제 서술형 평가

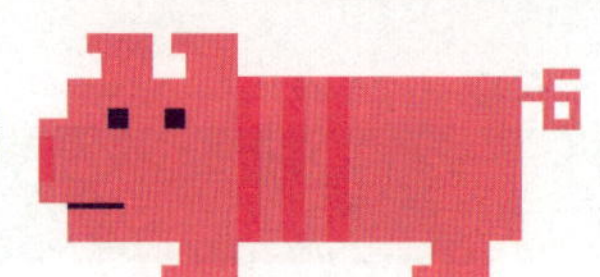

1 미술 시간에 사용할 색모래 30 kg을 한 봉지에 2.5 kg씩 나누어 담으려고 합니다.
몇 봉지에 나누어 담을 수 있는지 구하세요. **(5점)**

 풀이

 답 ....

2 넓이가 41.5 cm^{2}인 평행사변형이 있습니다. 밑변의
길이가 8.3 cm일 때 높이는 몇 cm인가요? **(5점)**

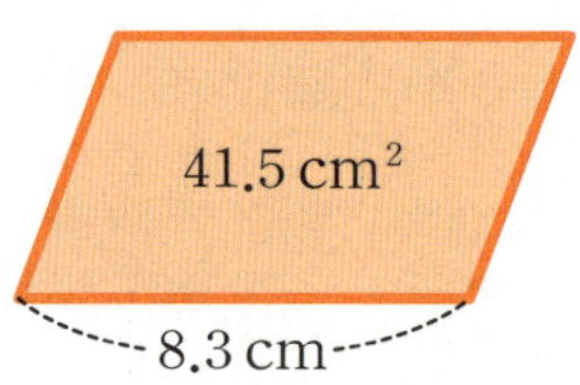

 풀이

답 ....

3 희수는 2.4시간 동안 10.32 km를 걸었습니다. 희수가 일정한 빠르기로 걸었다면
1시간 동안 걸은 거리는 몇 km인지 구하세요. **(5점)**

 풀이

답 ....

4 수정이네 마당에 심은 두 나무의 높이는 193 cm와 45 cm입니다. 키가 큰 나무 높이는 키가 작은 나무 높이의 몇 배인지 반올림하여 소수 첫째 자리까지 나타내세요.

(6점)

풀이

답 ....

5 무게가 36.25 kg이고 길이가 7.25 m인 철근 ㉮와 무게가 50.4 kg이고 길이가 12.6 m인 철근 ㉯가 있습니다. 같은 길이의 철근을 산다면 어느 철근이 더 무거운지 구하세요. (단, 철근 ㉮와 철근 ㉯의 굵기는 일정합니다.) **(7점)**

풀이

답 ....

6 어떤 수를 0.4로 나누어야 하는데 잘못하여 곱했더니 20이 되었습니다. 바르게 계산하면 얼마인지 구하세요. **(8점)**

풀이

답 ....

7 쿠키 한 개를 만드는 데 밀가루 5 g이 필요합니다. 밀가루 63.8 g으로 쿠키를 몇 개 만들 수 있고, 남는 밀가루는 몇 g인지 구하세요. **(8점)**

풀이

답 ________________ , ________________

8 몫의 소수 100째 자리 숫자를 구하세요. **(8점)**

$$2.2 \div 6$$

풀이

답 ________________

신나는 축구 경기

축구공이 골대에 들어가도록 선으로 표시하세요.

우리 팀 이겨라! 우리 팀 이겨라!
관중들의 함성 소리가 들리네요.
한 골만 더 넣으면 이길 수 있는데, 어느 쪽으로 공을 차야 할까요?

▶ 쉬어가기 정답은 128쪽에 있습니다.

어떻게 공부할까요?

교재 날짜	공부할 내용	공부한 날짜	스스로 평가		
12일	개념 확인하기	/	😄	🙂	😕
13일	쌓은 모양과 쌓기나무의 개수	/	😄	🙂	😕
14일	쌓은 모양과 쌓기나무의 개수 응용	/	😄	🙂	😕
15일	문장제 서술형 평가	/	😄	🙂	😕

교과서
학습연계도

2-1

2. 여러 가지 도형
• 쌓기나무로 만들기

5-2

5. 직육면체
• 직육면체, 정육면체
• 직육면체의 성질
• 겨냥도, 전개도

6-2

3. 공간과 입체
• 쌓은 모양과 쌓기나무의 개수
• 여러 가지 모양 만들기

6-2

6. 원기둥, 원뿔, 구
• 원기둥, 원기둥의 전개도
• 원뿔, 구

> ## 쌓은 모양과 쌓기나무의 개수를 알아보고 공간 감각을 키워요.

2학년 때 쌓기나무로 간단한 모양을 만들고, 개수를 구했었지요?
이 단원에서는 쌓기나무로 쌓은 모양들을 평면에 나타내는 다양한 표현 방법과
반대로 평면에 표현된 것을 보고 쌓기나무의 개수를 추측해 볼 거예요.
처음에는 쌓기나무(연결큐브)를 이용하여 직접 쌓아 보고,
쌓은 모양과 여러 방향에서 본 모양을 눈으로 확인하는 연습을 충분히 해 보세요.
직접 쌓아 보지 않고도 머릿속으로 추측해서 알아볼 수 있도록 하는 것을 목표로 합니다.

개념 확인하기

1 쌓기나무로 쌓은 모양을 보고 위에서 본 모양을 그렸습니다. 관계있는 것끼리 이으세요.

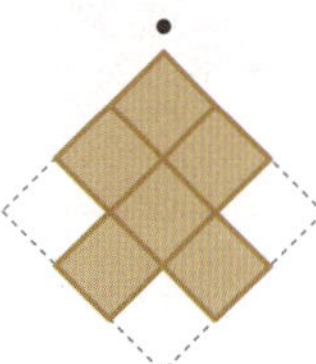 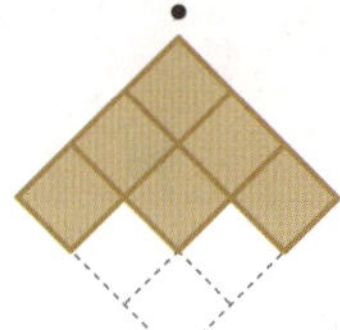 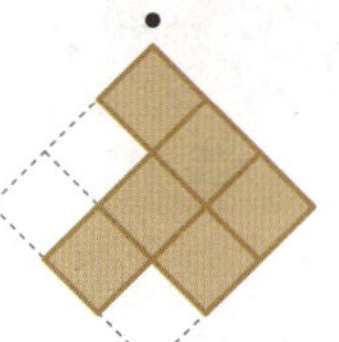

2 주어진 모양과 똑같이 쌓는 데 필요한 쌓기나무의 개수를 구하세요.

위에서 본 모양

1층 : ☐ 개, 2층 : ☐ 개 ➡ 쌓기나무의 개수 : ☐ 개

3 쌓기나무로 쌓은 모양과 위에서 본 모양입니다. 앞과 옆에서 본 모양을 각각 그리세요.

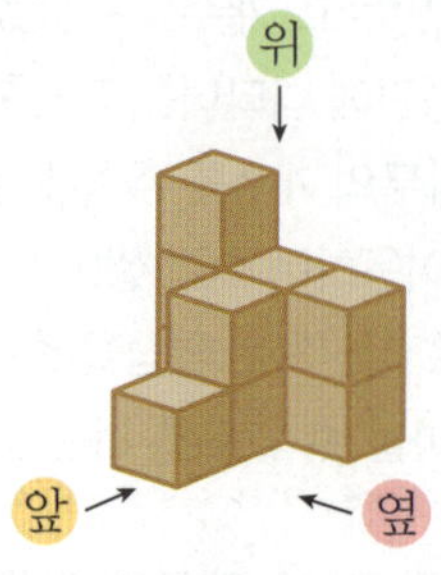

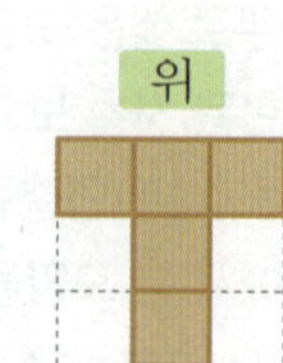 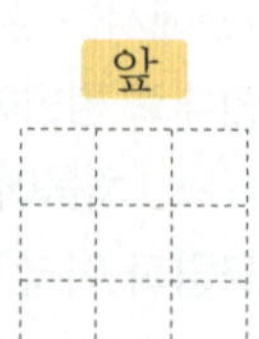 

4 쌓기나무로 쌓은 모양을 보고 위에서 본 모양의 각 자리에 기호를 붙인 것입니다. 물음에 답하세요.

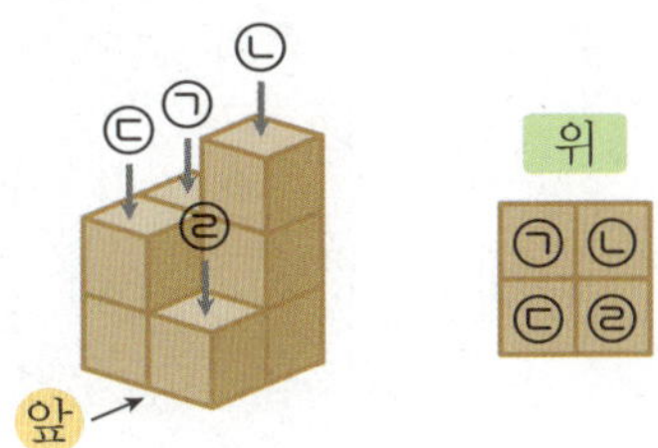

(1) 각 자리에 쌓기나무가 몇 개 쌓여 있는지 오른쪽 그림에 수를 쓰세요.

(2) 똑같은 모양으로 쌓는 데 필요한 쌓기나무는 ☐ 개입니다.

5 쌓기나무로 쌓은 모양과 1층 모양을 보고 2층과 3층 모양을 각각 그리세요.

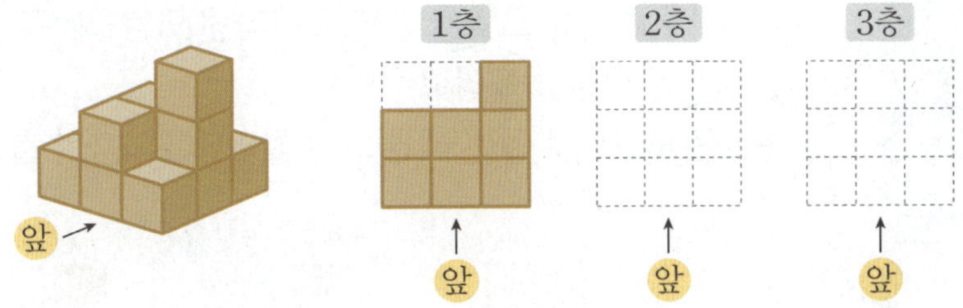

6 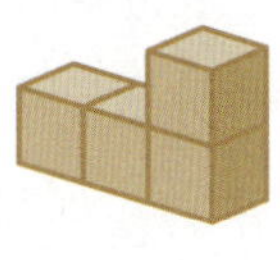 모양에 쌓기나무 1개를 붙여서 만들 수 있는 모양이 아닌 것을 찾아 ✕표 하세요.

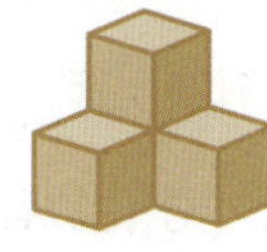 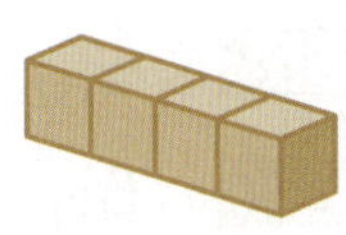 

(   ) (   ) (   ) (   )

쌓은 모양과 쌓기나무의 개수

1

쌓기나무로 쌓은 모양을 위, 앞, 옆에서 본 모양입니다.
똑같은 모양으로 쌓는 데 필요한 쌓기나무는 몇 개인가요?

문제읽고

❶ 구하는 것에 밑줄 치고, 주어진 것에 ○표 하세요.

풀이쓰고

❷ 쌓기나무가 각 자리에 몇 개 쌓여 있는지 알아보고, 똑같은 모양으로 쌓는 데 필요한 쌓기나무의 개수를 구하세요.

위

앞에서 본 모양 : ㉡과 ㉣에 ＿＿＿＿개씩

옆에서 본 모양 : ㉤과 ㉠에 ＿＿＿＿개씩, ㉢에 1개

➡ (필요한 쌓기나무의 개수) = ＿＿＿＿＿＿＿＿＿＿＿ = ＿＿＿＿(개)

❸ 답을 쓰세요.　똑같은 모양으로 쌓는 데 필요한 쌓기나무는 ＿＿＿＿＿＿＿＿＿입니다.

2

쌓기나무로 쌓은 모양을 층별로 나타낸 모양입니다.
앞에서 본 모양을 그리고,
똑같은 모양으로 쌓는 데 필요한 쌓기나무의 개수를 구하세요.

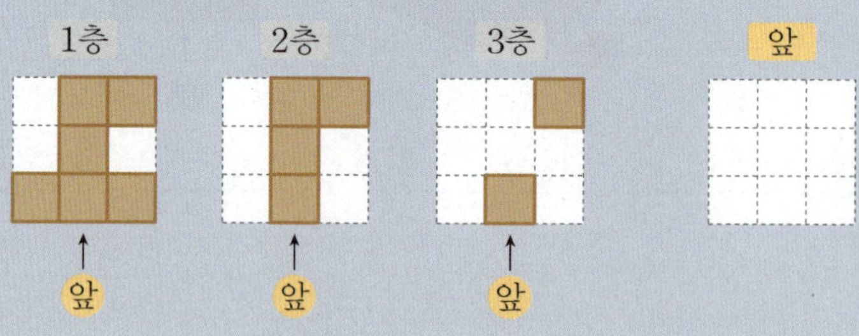

문제읽고

❶ 구하는 것에 밑줄 치고, 주어진 것에 ○표 하세요.

풀이쓰고

❷ 앞에서 본 모양을 그리고, 똑같은 모양으로 쌓는 데 필요한 쌓기나무의 개수를 구하세요.

1층

○ 부분은 쌓기나무가 ＿＿＿＿층까지 있습니다.

△ 부분은 쌓기나무가 ＿＿＿＿층까지 있습니다.

나머지 부분은 1층만 있습니다. ⟵ 앞에서 본 모양을 위의 그림에 그리세요.

➡ (필요한 쌓기나무의 개수) = ＿＿＿＿＿＿＿＿＿＿＿ = ＿＿＿＿ (개)

❸ 답을 쓰세요.　똑같은 모양으로 쌓는 데 필요한 쌓기나무는 ＿＿＿＿＿＿＿＿＿입니다.

대표문제 3

오른쪽 모양과 똑같이 보이도록
만들 수 있는 쌓기나무 모양은
모두 몇 가지인가요?

위에서 본 모양

문제읽고

❶ 무엇을 구하는 문제인가요? 구하는 것에 밑줄 치세요.

풀이쓰고

❷ 위에서 본 모양의 각 자리에 쌓기나무가 몇 개 쌓여 있는지 알아보고, 만들 수 있는 쌓기나무 모양은 모두
몇 가지인지 구하세요.

보이지 않는 뒤쪽 부분까지 쌓인 쌓기나무의 수를 쓰면

➡ 만들 수 있는 쌓기나무 모양은 모두 .... 가지입니다.

❸ 답을 쓰세요.   만들 수 있는 쌓기나무 모양은 모두 .... 입니다.

한단계 UP 4

쌓기나무로 쌓은 모양을 위, 앞, 옆에서 본 모양입니다.
똑같은 모양으로 쌓는 데 필요한 쌓기나무가 가장 많은 경우는 몇 개인가요?

위   앞   옆

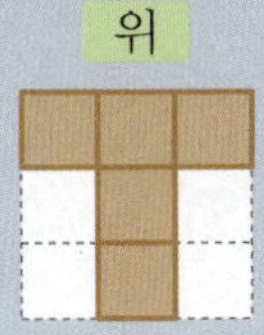

문제읽고

❶ 구하는 것에 밑줄 치고, 주어진 것에 ○표 하세요.

풀이쓰고

❷ 앞과 옆에서 본 모양을 보고 위에서 본 모양의 각 자리에 쌓인 쌓기나무의 수를 오른쪽 그림에 나타내고,
필요한 쌓기나무가 가장 많은 경우의 개수를 구하세요.

위

○ 부분은 쌓기나무가 .... 개 또는 .... 개 있어야 하므로

필요한 쌓기나무가 가장 많은 경우 :

.... = ... (개)

❸ 답을 쓰세요.   필요한 쌓기나무가 가장 많은 경우는 .... 입니다.

1 오른쪽은 쌓기나무로 쌓은 모양을 보고 위에서 본 모양에 수를 쓴 것입니다. 옆에서 본 모양을 그리고, 똑같은 모양으로 쌓는 데 필요한 쌓기나무의 개수를 구하세요.

문제읽기 CHECK

☐ 구하는 것에 밑줄, 주어진 것에 ○표!

☐ 옆에서 보았을 때 각 줄에서 가장 높은 층에 ○표 하면?

위
3
1 1 ← 옆
②② 1

풀이

❶ 옆에서 본 모양을 그리세요.

옆에서 보면 가장 높은 층이

왼쪽부터 ________층, ________층, ________층입니다.

옆

❷ 똑같은 모양으로 쌓는 데 필요한 쌓기나무의 개수를 구하세요.

(필요한 쌓기나무의 개수)

= ________________________ = ________(개)

답

옆

________________, ________________

---

2 오른쪽은 쌓기나무로 쌓은 모양을 보고 위에서 본 모양에 수를 쓴 것입니다. 3층에 쌓은 쌓기나무는 몇 개인가요?

위
1 2 1
4 3

문제읽기 CHECK

☐ 구하는 것에 밑줄, 주어진 것에 ○표!

☐ 쌓기나무를 위에서 본 모양에 수를 쓰면?

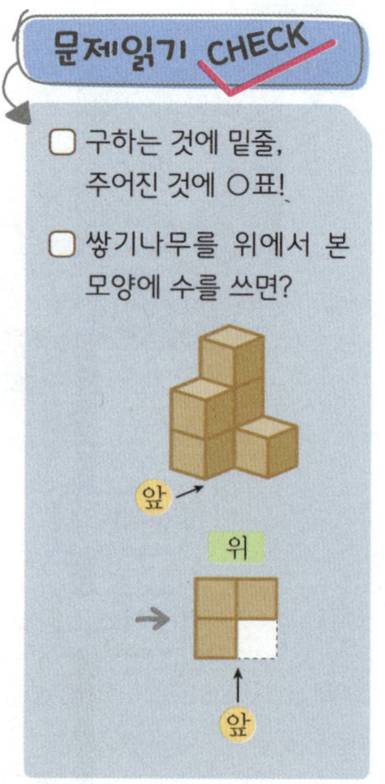

풀이

❶ 3 이상인 수가 쓰인 칸의 수를 구하세요.

❷ 3층에 쌓은 쌓기나무의 개수를 구하세요.

답 ________________________

3 쌓기나무가 15개 있습니다. 다음과 같이 1층, 2층, 3층에 쌓기나무를 쌓는다면 남는 쌓기나무는 몇 개인가요?

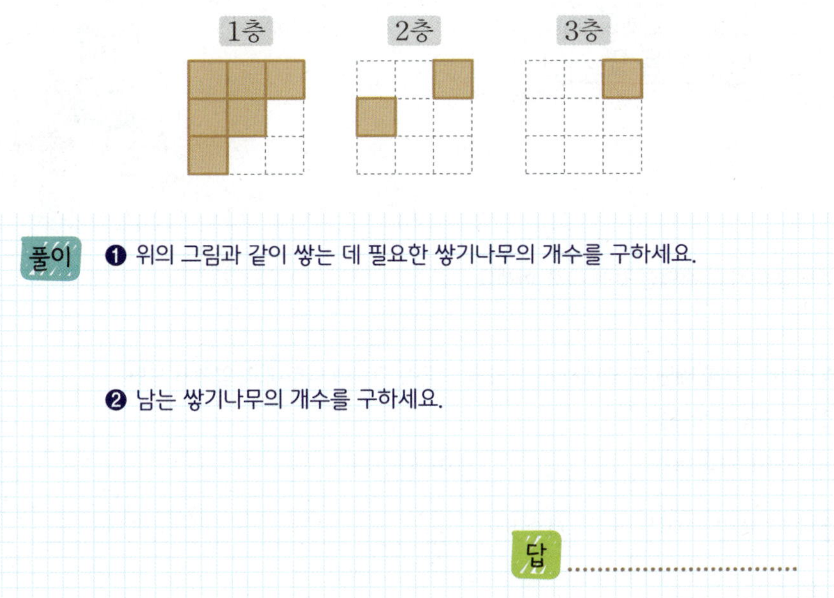

풀이

❶ 위의 그림과 같이 쌓는 데 필요한 쌓기나무의 개수를 구하세요.

❷ 남는 쌓기나무의 개수를 구하세요.

답 ....

도전!

4 쌓기나무로 쌓은 모양을 위, 앞, 옆에서 본 모양입니다. 똑같은 모양으로 쌓는 데 필요한 쌓기나무가 가장 많은 경우와 가장 적은 경우의 쌓기나무 수의 차를 구하세요.

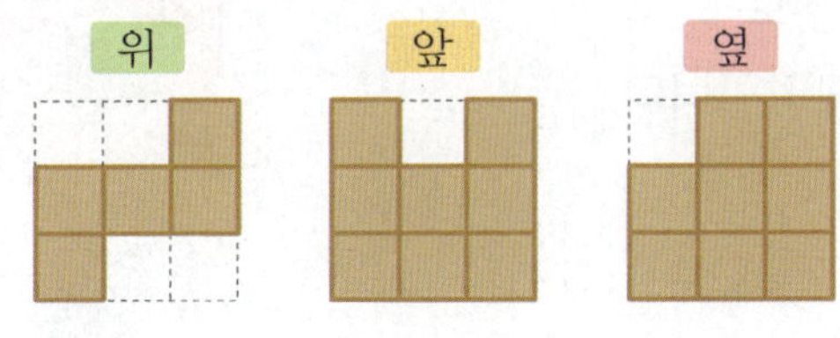

풀이

❶ 똑같은 모양으로 쌓는 데 필요한 쌓기나무가 가장 많은 경우와 가장 적은 경우의 쌓기나무의 개수를 각각 구하세요.

❷ 쌓기나무가 가장 많은 경우와 가장 적은 경우의 쌓기나무 수의 차를 구하세요.

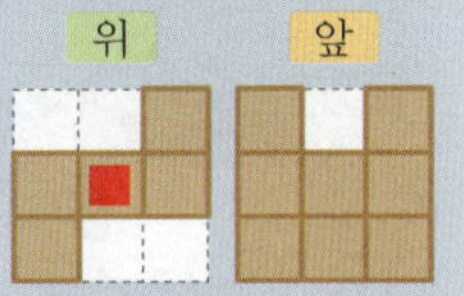

답 ....

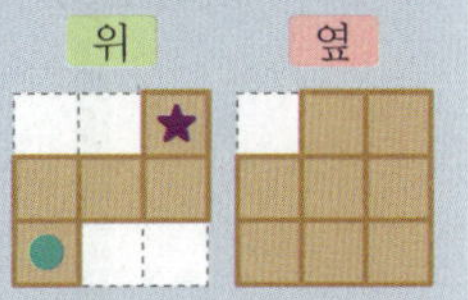

14 DAY 쌓은 모양과 쌓기나무의 개수 응용

대표문제

1

오른쪽은 쌓기나무 ⑪개로 쌓은 모양입니다.
초록색 쌓기나무 2개를 빼낸 후
옆에서 보면 보이는 면은 몇 개인가요?

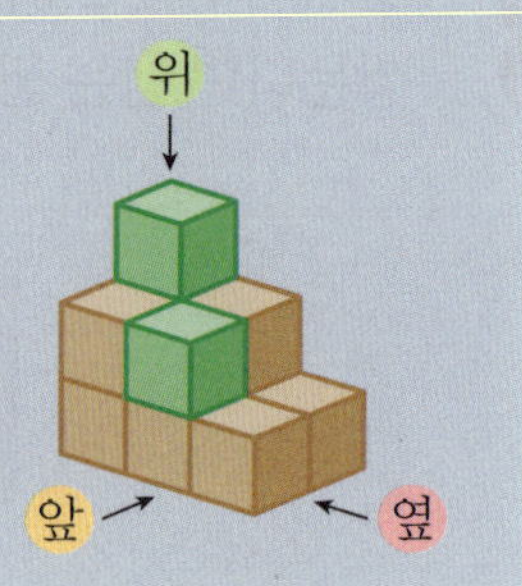

문제읽고

❶ 구하는 것에 밑줄 치고, 주어진 것에 ◯표 하세요.

풀이쓰고

❷ 초록색 쌓기나무 2개를 빼낸 후 옆에서 본 모양을 오른쪽 그림에 나타내고, 옆에서 보면
보이는 면의 개수를 구하세요.

가장 높은 층이 왼쪽부터 ....층, ...층이 됩니다.

➡ (옆에서 보면 보이는 면의 개수) = ... = ...(개)

❸ 답을 쓰세요.

초록색 쌓기나무 2개를 빼낸 후 옆에서 보면 보이는 면은 ....입니다.

한단계 UP

2

오른쪽은 한 모서리의 길이가 2 cm인
정육면체 모양의 쌓기나무로
쌓은 모양과 위에서 본 모양입니다.
빨간색 쌓기나무 3개를 빼낸 후
앞에서 본 모양의 넓이는 몇 cm^2인가요?

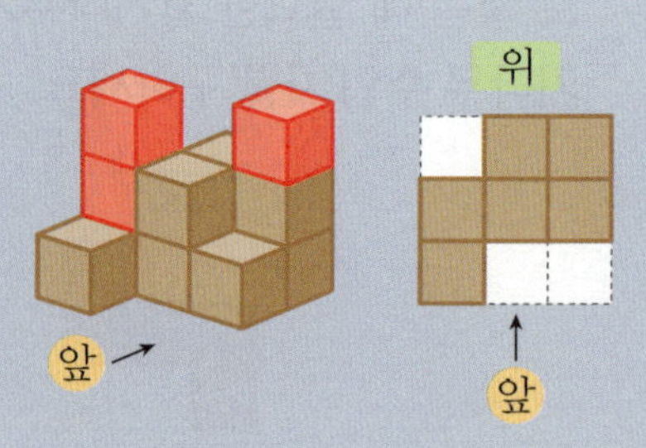

문제읽고

❶ 구하는 것에 밑줄 치고, 주어진 것에 ◯표 하세요.

풀이쓰고

❷ 빨간색 쌓기나무 3개를 빼낸 후 앞에서 본 모양을 오른쪽 그림에 나타내고, 앞에서 본 모양의 넓이를 구하세요.

가장 높은 층이 왼쪽부터 ....층, ...층, ...층이 됩니다.

➡ 넓이가 $2 \times 2 =$ .... (cm^2)인 면이

.... = ...(개)이므로

(앞에서 본 모양의 넓이) = ... = ... (cm^2)

❸ 답을 쓰세요.

빨간색 쌓기나무 3개를 빼낸 후 앞에서 본 모양의 넓이는 ....입니다.

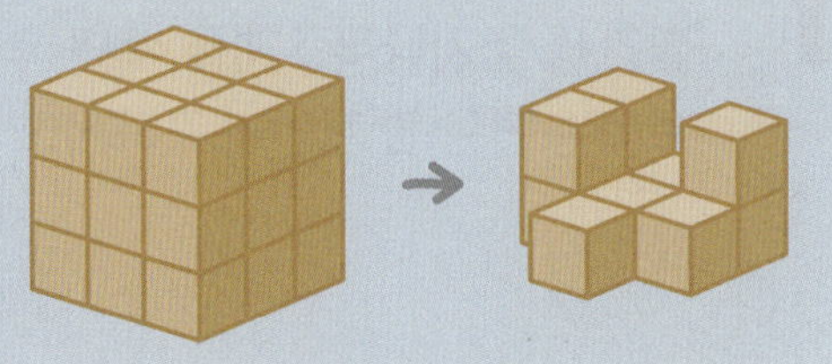

3. 공간과 입체

대표문제

3

정육면체 모양에서
쌓기나무를 몇 개 빼냈더니
오른쪽과 같은 모양이 되었습니다.
빼낸 쌓기나무는 몇 개인가요?

 **문제읽고**

❶ 구하는 것에 밑줄 치고, 주어진 것에 ○표 하세요.

풀이쓰고

❷ 빼낸 쌓기나무의 개수를 구하세요.

정육면체 모양 : (쌓기나무의 개수) = ______ + ______ + ______ = ...(개)
　　　　　　　　　　　　　　　　　　　1층　　2층　　3층

쌓기나무를 몇 개 빼낸 후 모양 : (쌓기나무의 개수) = ______ + ______ = ...(개)
　　　　　　　　　　　　　　　　　　　　　　　　　1층　　2층

➡ (빼낸 쌓기나무의 개수) = ____________________ = ...(개)

❸ 답을 쓰세요.

빼낸 쌓기나무는 ....입니다.

한단계 UP

4

오른쪽과 같은 정육면체 모양으로 쌓은
쌓기나무의 바깥쪽 면을 모두 색칠했을 때
세 면이 색칠된 쌓기나무는 모두 몇 개인가요?

문제읽고

❶ 구하는 것에 밑줄 치고, 주어진 것에 ○표 하세요.

풀이쓰고

❷ 세 면이 색칠된 쌓기나무를 오른쪽 그림의 보이는 면에 나타내고, 세 면이 색칠된 쌓기나무의 개수를 구하세요.

세 면이 색칠된 쌓기나무는

정육면체의 (**면** , **모서리** , **꼭짓점**)에 있는 쌓기나무이고,

정육면체의 꼭짓점은 ....개이므로

세 면이 색칠된 쌓기나무는 모두 ....개입니다.

❸ 답을 쓰세요.

세 면이 색칠된 쌓기나무는 모두 ....입니다.

1 오른쪽은 쌓기나무 13개로 쌓은 모양입니다. 빨간색 쌓기나무 3개를 빼낸 후 앞에서 보면 보이는 면은 몇 개인지 구하세요.

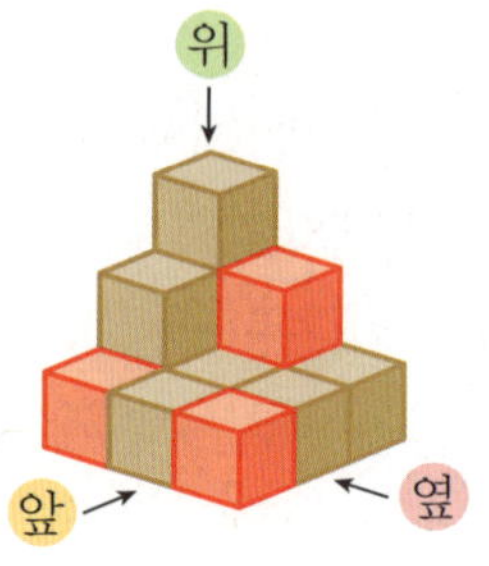

풀이

❶ 빨간색 쌓기나무 3개를 빼낸 후 앞에서 본 모양을 오른쪽 그림에 나타내세요.

앞

❷ 빨간색 쌓기나무 3개를 빼낸 후 앞에서 보면 보이는 면의 개수를 구하세요.

가장 높은 층이 왼쪽부터 ....층, ...층, ...층이 됩니다.

(앞에서 보면 보이는 면의 개수)

= .... = ...(개)

답 ....

---

2 오른쪽은 쌓기나무로 쌓은 모양을 보고 위에서 본 모양에 수를 쓴 것입니다. 3층과 4층에 쌓은 쌓기나무를 빼면 몇 개가 남는지 구하세요.

위

3	1	
2	2	4
1		1

풀이

❶ 3층과 4층에 쌓은 쌓기나무를 빼고 위에서 본 모양에 수를 쓰세요.

위

❷ 남는 쌓기나무의 개수를 구하세요.

답 ....

3 오른쪽과 같은 직육면체 모양으로 쌓은 쌓기나무의 바깥쪽 면을 모두 색칠했을 때 두 면이 색칠된 쌓기나무는 모두 몇 개인지 구하세요.

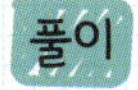 풀이

❶ 두 면이 색칠된 쌓기나무를 그림의 보이는 면에 나타내세요.

❷ 두 면이 색칠된 쌓기나무의 개수를 구하세요.

답 ....

 도전!

4 쌓기나무로 쌓은 모양과 위에서 본 모양입니다. 쌓기나무를 더 쌓아서 가장 작은 정육면체를 만들려고 합니다. 쌓기나무를 몇 개 더 쌓아야 하는지 구하세요.

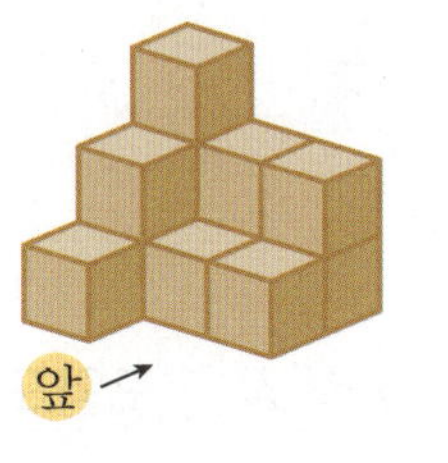

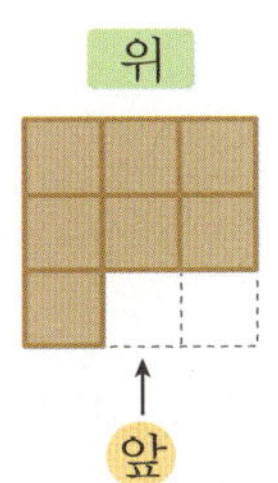

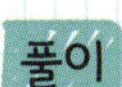 풀이

❶ 위에서 본 모양에 수를 쓰고, 쌓은 쌓기나무의 개수를 구하세요.

❷ 쌓기나무를 몇 개 더 쌓아야 하는지 구하세요.

답 ....

문장제 서술형 평가

1 오른쪽은 쌓기나무로 쌓은 모양과 위에서 본 모양입니다. 똑같은 모양으로 쌓는 데 필요한 쌓기나무는 몇 개인가요? **(5점)**

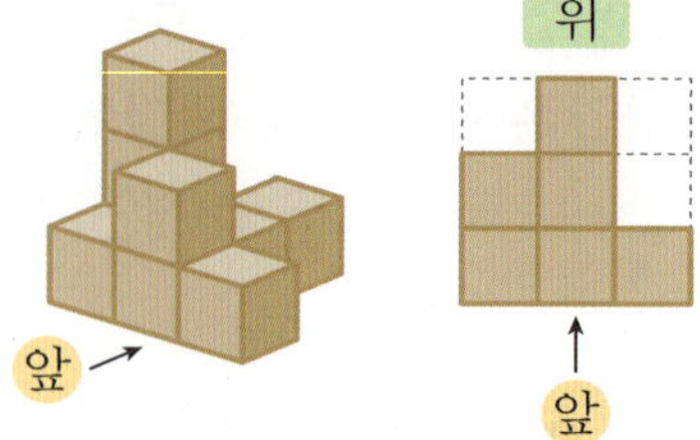

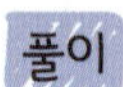 풀이

답 ....

2 오른쪽은 쌓기나무로 쌓은 모양을 보고 위에서 본 모양에 수를 쓴 것입니다. 2층에 쌓은 쌓기나무는 몇 개인가요? **(5점)**

 풀이

답 ....

3 쌓기나무로 쌓은 모양을 위, 앞, 옆에서 본 모양입니다. 똑같은 모양으로 쌓는 데 필요한 쌓기나무는 몇 개인가요? **(6점)**

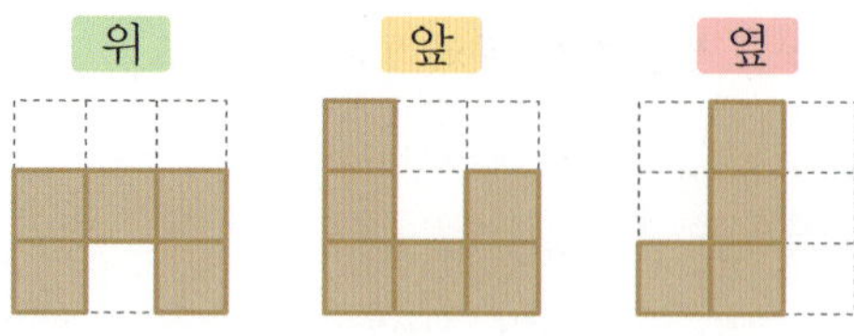

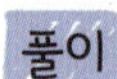 풀이

답 ....

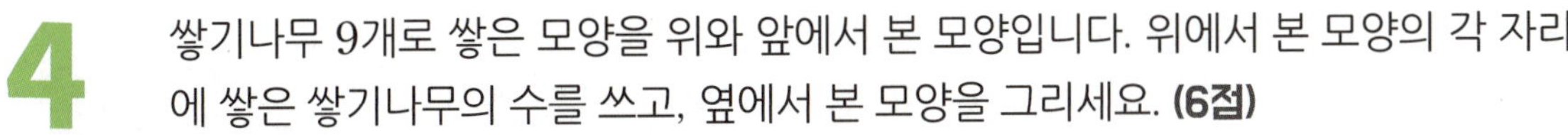

4 쌓기나무 9개로 쌓은 모양을 위와 앞에서 본 모양입니다. 위에서 본 모양의 각 자리에 쌓은 쌓기나무의 수를 쓰고, 옆에서 본 모양을 그리세요. **(6점)**

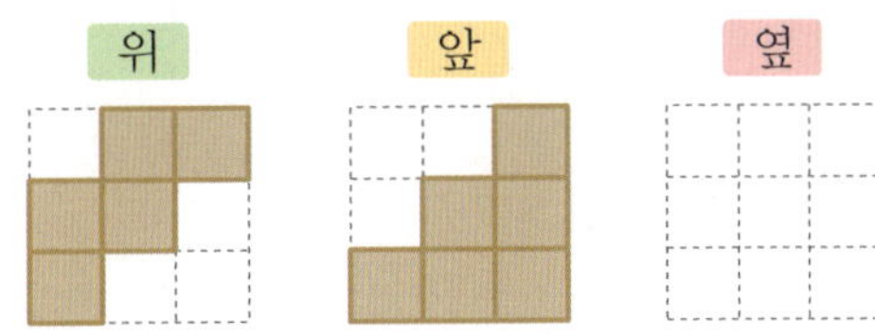

풀이

5 한 모서리의 길이가 1 cm인 정육면체 모양의 쌓기나무로 쌓은 모양입니다. 쌓은 모양의 겉넓이는 몇 cm^2인가요? **(6점)**

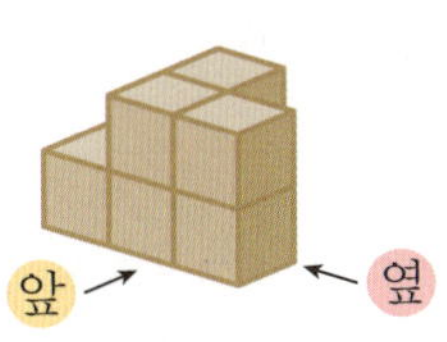

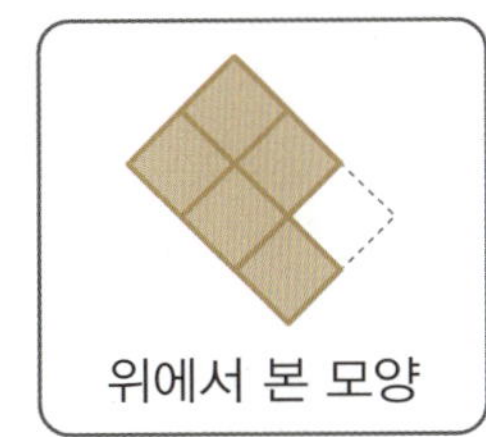

풀이

답 ....

6 오른쪽은 쌓기나무로 쌓은 모양과 위에서 본 모양입니다. 쌓기나무를 더 쌓아서 가장 작은 정육면체를 만들려고 합니다. 쌓기나무를 몇 개 더 쌓아야 하는지 구하세요. **(7점)**

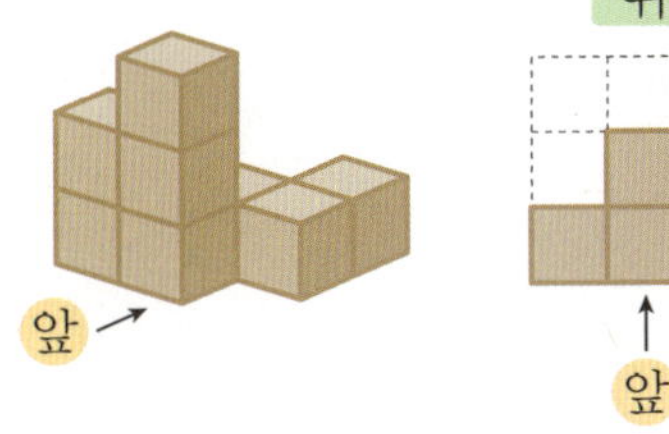

풀이

답 ....

7 오른쪽과 같은 정육면체 모양으로 쌓은 쌓기나무의 바깥쪽 면을 모두 색칠했을 때 두 면이 색칠된 쌓기나무는 모두 몇 개인지 구하세요. **(8점)**

풀이

답 

8 쌓기나무로 쌓은 모양을 위, 앞, 옆에서 본 모양입니다. 똑같은 모양으로 쌓는 데 필요한 쌓기나무가 가장 적은 경우는 몇 개인가요? **(8점)**

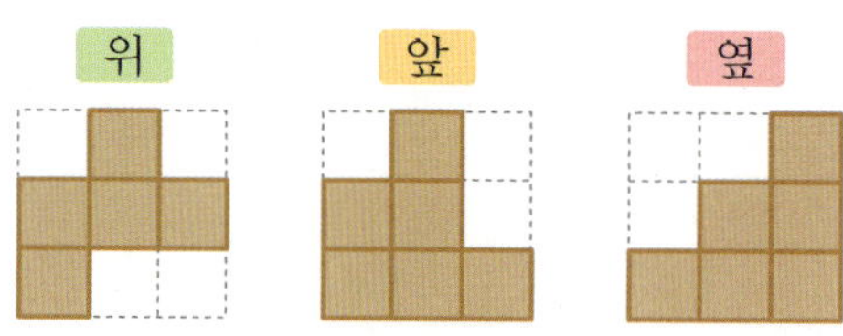

풀이

답

고양이 놀이터

위에서 바라본 모습을 찾아 주세요.

우리 집 고양이들에게 놀이터가 생겼어요.
폴짝폴짝! 이리저리 뛰어넘어 다닐 수 있어요.
고양이가 마음에 들어 하는 것 같죠?

고양이 놀이터　　　　　　　　　　위에서 바라본 모습

1

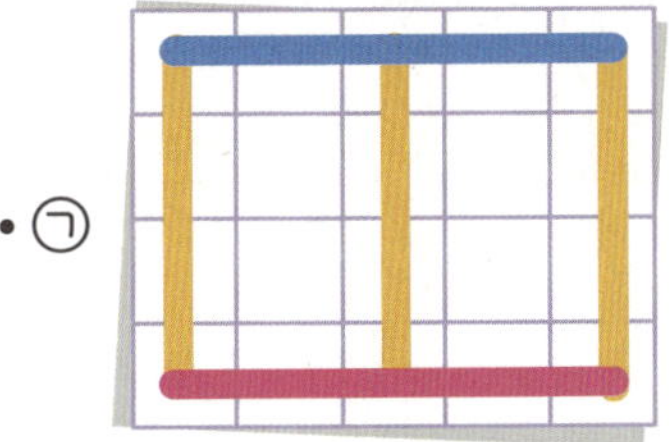
ㆍ㉠

2

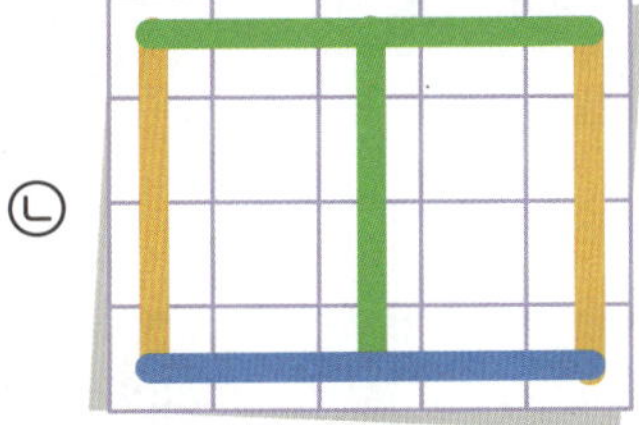
ㆍ㉡

3

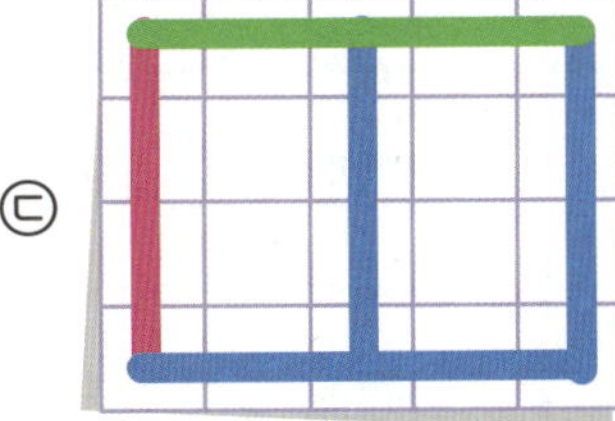
ㆍ㉢

4
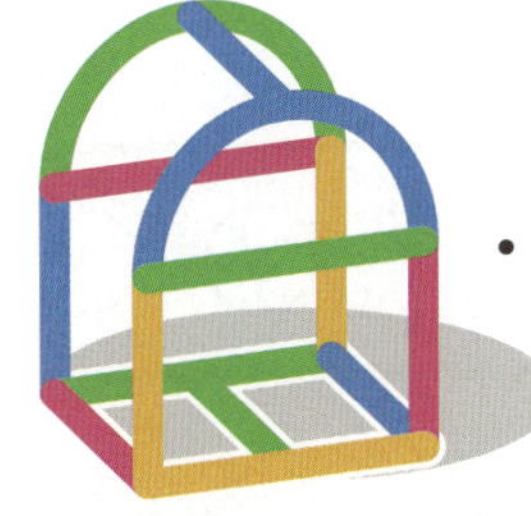

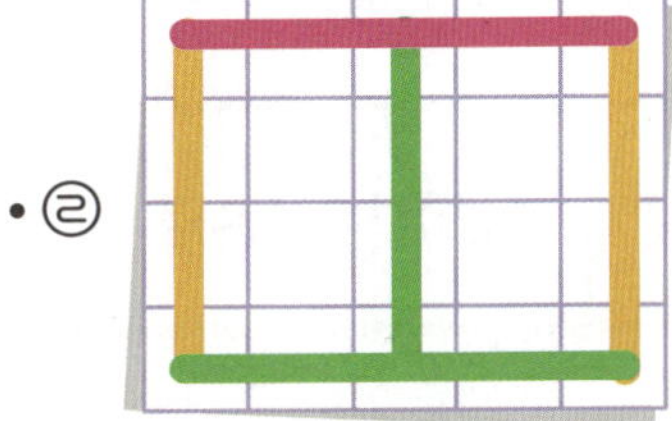
ㆍ㉣

▶ 쉬어가기 정답은 128쪽에 있습니다.

4 비례식과 비례배분

어떻게 공부할까요?

계획대로 공부했나요?
스스로 평가하여
알맞은 표정에 색칠하세요.

교재 날짜	공부할 내용	공부한 날짜	스스로 평가
16일	개념 확인하기	/	😄 🙂 😦
17일	간단한 자연수의 비로 나타내기	/	😄 🙂 😦
18일	비례식 활용하기	/	😄 🙂 😦
19일	비례배분	/	😄 🙂 😦
20일	문장제 서술형 평가	/	😄 🙂 😦

무엇을 배울까요?

> **비례식과 비례배분의 개념을 이해하고 일상생활에 활용해요.**

이 단원에서는 1학기 때 배운 비와 비율 개념을 바탕으로 비의 성질을 학습하고,

비율이 같은 두 비를 식으로 나타내어 비례식을 세워 볼 거예요.

또, 전체를 주어진 비를 이용하여 나누는 비례배분을 배움으로써

일상생활 속에서 만나게 되는 다양한 비례식과 비례배분 상황의 문제를 해결할 수 있도록 합니다.

비례식과 비례배분을 배운 후에 '수학은 우리 생활과 동떨어져 있는 것이 아니라

실생활에서 활용할 수 있는 학문이구나.'라고 생각하면 좋겠어요.

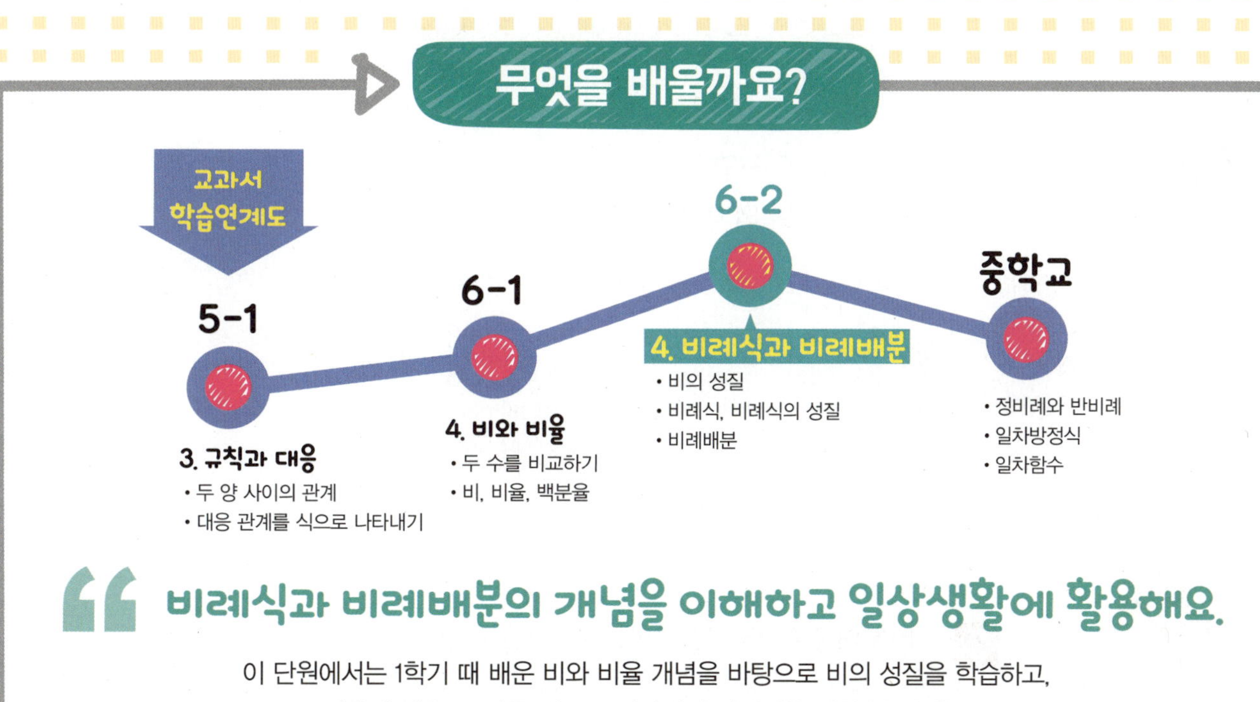

개념 확인하기

1 알맞은 말에 ○표 하여 비의 성질을 완성하고, □ 안에 알맞은 수를 써 넣으세요.

(1)

비의 전항과 후항에
0이 아닌 같은 수를
(더하여도 , 곱하여도)
비율은 같습니다.

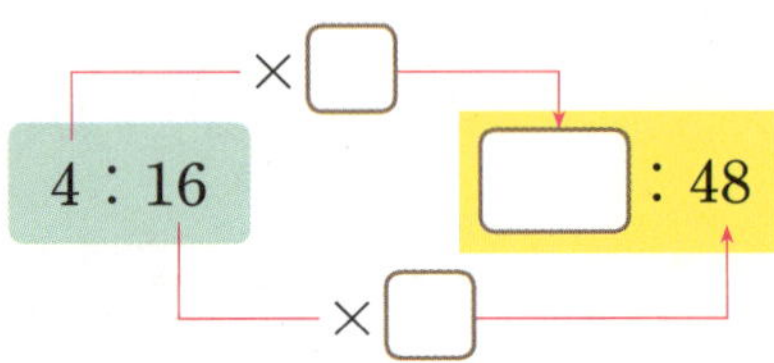

(2)

비의 전항과 후항을
0이 아닌 같은 수로
(빼어도 , 나누어도)
비율은 같습니다.

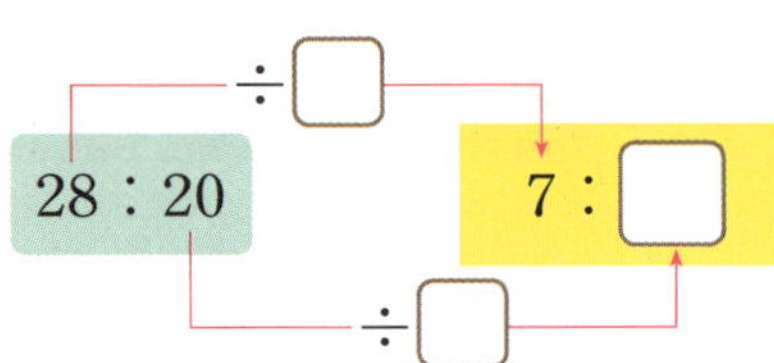

2 간단한 자연수의 비로 나타내세요.

(1) $0.6 : 1.7$ ➡

(2) $45 : 35$ ➡

(3) $\dfrac{1}{3} : \dfrac{4}{5}$ ➡

(4) $\dfrac{3}{8} : 0.2$ ➡

3 비율이 같은 두 비를 찾아 비례식을 세우세요.

$$4 : 5 \qquad 2 : 6 \qquad 21 : 3 \qquad 8 : 10 \qquad 7 : 1$$

$$\boxed{} : 5 = \boxed{} : \boxed{}$$

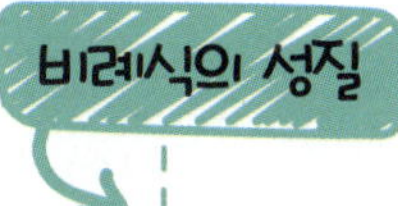

4 비례식을 모두 찾아 ○표 하세요.

$3 : 2 = 24 : 16$	$60 : 25 = 6 : 5$
$0.4 : 0.5 = 12 : 10$	$7 : 9 = \dfrac{1}{9} : \dfrac{1}{7}$

5 비례식의 성질을 이용하여 ☐ 안에 알맞은 수를 써넣으세요.

(1) $3 : 8 = 27 : \boxed{}$

(2) $56 : 21 = \boxed{} : 3$

(3) $7 : \boxed{} = 56 : 32$

(4) $\boxed{} : 54 = 2 : 9$

6 공 8개를 흰색 강아지와 검은색 강아지에게 3 : 1로 나누어 주려고 합니다. 그림으로 나타내고, ☐ 안에 알맞은 수를 써넣으세요.

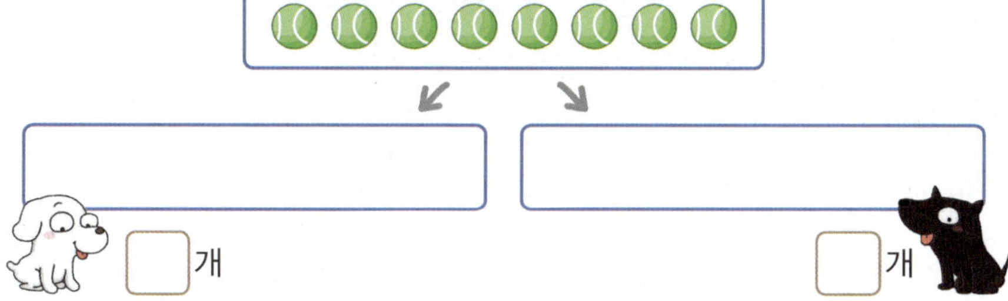

$\boxed{}$개 $\boxed{}$개

7 15를 2 : 3으로 나누려고 합니다. ☐ 안에 알맞은 수를 써넣으세요.

$$15 \times \frac{2}{\boxed{} + \boxed{}} = 15 \times \frac{\boxed{}}{\boxed{}} = \boxed{}$$

$$15 \times \frac{3}{\boxed{} + \boxed{}} = 15 \times \frac{\boxed{}}{\boxed{}} = \boxed{}$$

17 DAY 간단한 자연수의 비로 나타내기

1

주미와 형규는 파이 한 판을 나누어 먹었습니다.

주미는 전체의 $\frac{1}{2}$을, 형규는 전체의 $\frac{3}{8}$을 먹었습니다.

주미와 형규가 먹은 파이의 양의 비를 간단한 자연수의 비로 나타내세요.

문제읽고

❶ 무엇을 구하는 문제인가요? 구하는 것에 밑줄 치세요.

❷ 주어진 것은 무엇인가요? ○표 하고 답하세요.

주미가 먹은 양 : 전체 파이의 …………… , 형규가 먹은 양 : 전체 파이의 ……………

풀이쓰고

❸ 주미와 형규가 먹은 파이의 양의 비를 간단한 자연수의 비로 나타내세요.

주미와 형규가 먹은 파이의 양의 비 ➡ $\frac{1}{2}$: …………

➡ $\frac{1}{2} : \frac{3}{8}$의 전항과 후항에 2와 8의 **최소공배수인** ……… **을 곱하면**

………… : ………… 입니다.

❹ 답을 쓰세요. 주미와 형규가 먹은 파이의 양의 비를 간단한 자연수의 비로 나타내면

………………………… 입니다.

2

빨간색 페인트 1.8 L와 파란색 페인트 $1\frac{3}{4}$ L를 섞었습니다.

섞은 빨간색과 파란색 페인트의 양의 비를 간단한 자연수의 비로 나타내세요.

문제읽고

❶ 구하는 것에 밑줄 치고, 주어진 것에 ○표 하세요.

풀이쓰고

❷ 섞은 빨간색과 파란색 페인트의 양의 비를 간단한 자연수의 비로 나타내세요.

섞은 빨간색과 파란색 페인트의 양의 비 1.8 : …………… 에서

전항 1.8을 분수로 바꾸면 1.8 = ………… 입니다.

➡ ………… : $\frac{7}{4}$의 전항과 후항에 분모의 최소공배수인 ………… 을 곱하면

………… : ………… 입니다.

> 후항 $1\frac{3}{4}$을 소수로 바꾸어 소수의 비를 간단한 자연수의 비로 나타내는 방법으로 풀어도 돼요.

❸ 답을 쓰세요. 섞은 빨간색과 파란색 페인트의 양의 비를 간단한 자연수의 비로 나타내면

………………………… 입니다.

3

식탁 위에 사과와 오렌지가 있습니다.
사과의 무게는 190 g이고, 오렌지는 사과보다 170 g 더 무겁습니다.
사과와 오렌지의 무게의 비를 간단한 자연수의 비로 나타내세요.

문제읽고

❶ 무엇을 구하는 문제인가요? 구하는 것에 밑줄 치세요.

❷ 주어진 것은 무엇인가요? ○표 하고 답하세요.

사과의 무게 : .... g, 오렌지의 무게 : 사과보다 .... g 더 무겁습니다.

풀이쓰고

❸ 오렌지의 무게를 구하세요.

(오렌지의 무게) = 190+ .... = ... (g)

❹ 사과와 오렌지의 무게의 비를 간단한 자연수의 비로 나타내세요.

사과와 오렌지의 무게의 비 ➡ 190 : ....

➡ 190 : 360의 전항과 후항을 190과 360의 최대공약수인 .... 으로 나누면

.... : .... 입니다.

❺ 답을 쓰세요.   사과와 오렌지의 무게의 비를 간단한 자연수의 비로 나타내면

.... 입니다.

4

어느 날 낮의 길이가 10.4시간입니다.
이 날 낮과 밤의 길이의 비를 간단한 자연수의 비로 나타내세요.

문제읽고

❶ 구하는 것에 밑줄 치고, 주어진 것에 ○표 하세요.

풀이쓰고

❷ 밤의 길이를 구하세요.

하루는 .... 시간이므로 (밤의 길이) = ... −10.4 = ... (시간)

❸ 이 날 낮과 밤의 길이의 비를 간단한 자연수의 비로 나타내세요.

낮과 밤의 길이의 비 ➡ 10.4 : ....

➡ 10.4 : 13.6의 전항과 후항에 .... 을 곱하면 104 : 136입니다.

➡ 104 : 136의 전항과 후항을 104와 136의 최대공약수인 .... 로 나누면

.... : .... 입니다.

❹ 답을 쓰세요.   이 날 낮과 밤의 길이의 비를 간단한 자연수의 비로 나타내면

.... 입니다.

1 집에서 학교까지의 거리는 0.7 km이고, 집에서 도서관까지의 거리는 1.05 km입니다. 집에서 학교까지의 거리와 집에서 도서관까지의 거리의 비를 간단한 자연수의 비로 나타내세요.

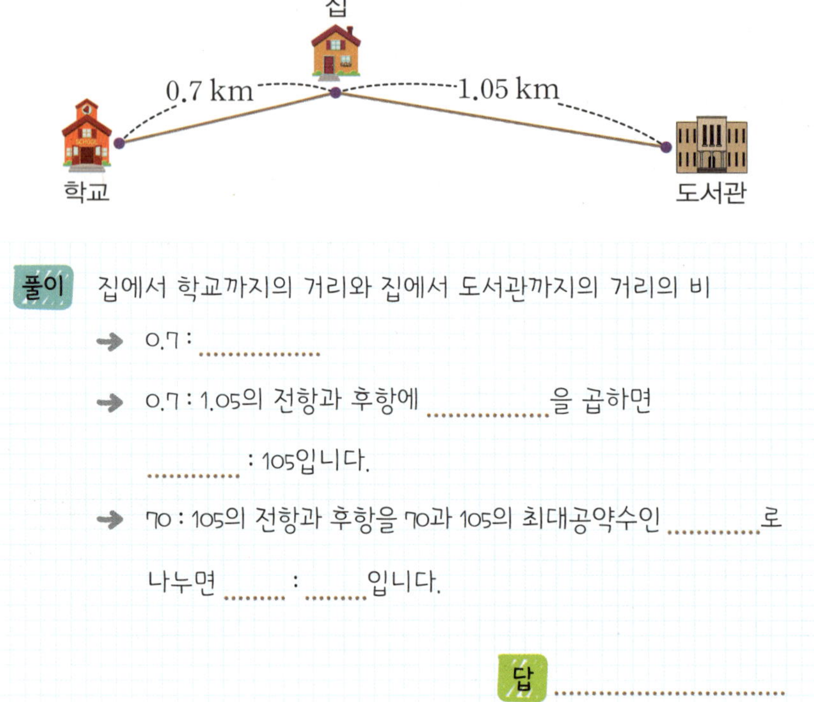

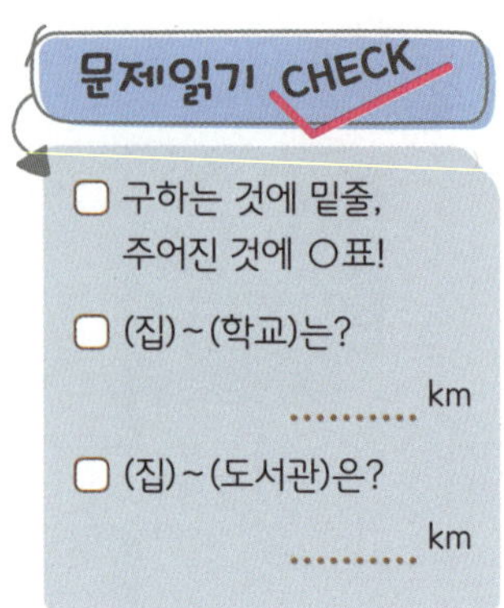

풀이 집에서 학교까지의 거리와 집에서 도서관까지의 거리의 비

→ 0.7 : ....

→ 0.7 : 1.05의 전항과 후항에 ....을 곱하면

.... : 105입니다.

→ 70 : 105의 전항과 후항을 70과 105의 최대공약수인 ....로

나누면 .... : ....입니다.

답 ....

---

2 건희는 156쪽짜리 역사책을 읽고 있습니다. 어제 81쪽을 읽었고, 나머지 부분을 오늘 모두 읽었습니다. 어제와 오늘 읽은 역사책의 쪽수의 비를 간단한 자연수의 비로 나타내세요.

풀이 ❶ 오늘 읽은 쪽수를 구하세요.

❷ 어제와 오늘 읽은 역사책의 쪽수의 비를 간단한 자연수의 비로 나타내세요.

답 ....

3 혜나와 재우가 같은 일을 하는 데 혜나는 4시간, 재우는 5시간이 걸렸습니다. 일정한 빠르기로 일을 할 때 혜나와 재우가 각각 1시간 동안 한 일의 양의 비를 간단한 자연수의 비로 나타내세요.

풀이

❶ 혜나와 재우가 각각 1시간 동안 한 일의 양은 전체의 얼마인지 분수로 나타내세요.

❷ 혜나와 재우가 각각 1시간 동안 한 일의 양의 비를 간단한 자연수의 비로 나타내세요.

답

---

4 직사각형과 정사각형의 넓이의 비를 간단한 자연수의 비로 나타내세요.

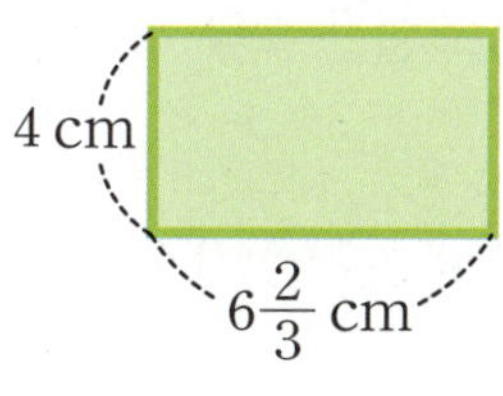

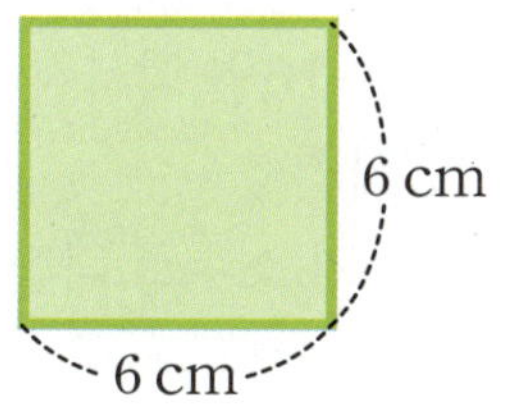

풀이

❶ 직사각형과 정사각형의 넓이를 각각 구하세요.

❷ 직사각형과 정사각형의 넓이의 비를 간단한 자연수의 비로 나타내세요.

답

비례식 활용하기

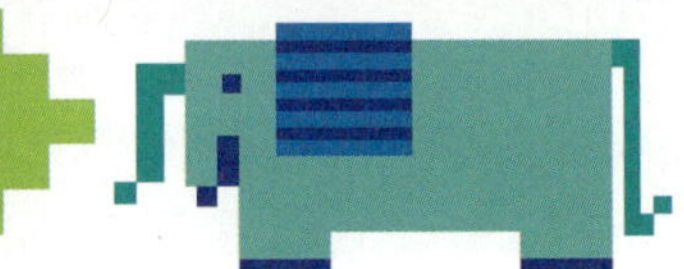

대표문제

1

수정이와 원준이의 예금액의 비는 5 : 9입니다.
수정이의 예금액이 45000원이면
원준이의 예금액은 얼마인지 구하세요.

문제읽고

❶ 무엇을 구하는 문제인가요? 구하는 것에 밑줄 치세요.
❷ 주어진 것은 무엇인가요? ○표 하고 답하세요.

　수정이와 원준이의 예금액의 비 ➡ .... : ....

풀이쓰고

❸ 원준이의 예금액을 □원이라 하여 비례식을 세우고, □를 구하세요.

　원준이의 예금액을 □원이라 하여 비례식을 세우면

　$5 : 9 = $ .... : □
　수정 원준　　　수정　　　원준

　➡ $5 \times □ = 9 \times$ ...., $5 \times □ = $ ...., $□ = $ ....
　　외항의 곱과 내항의 곱은 같습니다.

❹ 답을 쓰세요.

　원준이의 예금액은 .... 입니다.

한번 더 OK

2

가로와 세로의 비가 21 : 16인 직사각형 모양의 그림을 확대 복사했습니다.
세로가 24 cm가 되었다면
가로는 몇 cm가 되었는지 소수로 나타내세요.

문제읽고

❶ 무엇을 구하는 문제인가요? 구하는 것에 밑줄 치세요.
❷ 주어진 것은 무엇인가요? ○표 하고 답하세요.

　가로와 세로의 비 ➡ .... : ....

풀이쓰고

❸ 확대 복사한 가로를 □cm라 하여 비례식을 세우고, □를 구하세요.

　확대 복사한 가로를 □cm라 하여 비례식을 세우면

　$21 : 16 = $ □ : ....
　가로 세로　가로　　세로

　➡ $21 \times$ .... $= 16 \times □$, $16 \times □ = $ ...., $□ = $ ....

❹ 답을 쓰세요.

　확대 복사한 가로는 .... 가 되었습니다.

**대표
문제**

3

일정한 빠르기로 3분 동안 14 L의 물이 나오는 수도꼭지가 있습니다.
이 수도꼭지로 들이가 210 L인 욕조에 물을 가득 채우려면
몇 분이 걸리는지 구하세요.

문제읽고

❶ 무엇을 구하는 문제인가요? 구하는 것에 밑줄 치세요.
❷ 주어진 것은 무엇인가요? ○표 하고 답하세요.

　물이 나오는 빠르기 : ....분 동안 ....L가 나옵니다.

풀이쓰고

❸ 들이가 210 L인 욕조에 물을 가득 채우는 데 걸리는 시간을 □분이라 하여 비례식을 세우고, □를 구하세요.

　들이가 210 L인 욕조에 물을 가득 채우는 데 걸리는 시간을 □분이라 하여 비례식을 세우면

　$3 : 14 = \square : \text{............}$
　시간　물　시간　　물

　➡ $3 \times \text{............} = 14 \times \square$, $14 \times \square = \text{............}$, $\square = \text{............}$

❹ 답을 쓰세요.　들이가 210 L인 욕조에 물을 가득 채우려면 ....이 걸립니다.

**한단계
UP**

4

맞물려 돌아가는 두 톱니바퀴 ㉮와 ㉯가 있습니다.
㉮의 톱니 수는 12개이고, ㉯의 톱니 수는 9개입니다.
톱니바퀴 ㉮가 15바퀴 도는 동안
톱니바퀴 ㉯는 몇 바퀴 도는지 구하세요.

문제읽고

❶ 구하는 것에 밑줄 치고, 주어진 것에 ○표 하세요.

풀이쓰고

❷ 톱니바퀴 ㉮와 ㉯의 회전수의 비를 간단한 자연수의 비로 나타내세요.

　톱니바퀴 ㉮와 ㉯의 톱니 수의 비 12 : 9를

　간단한 자연수의 비로 나타내면 .... : ....입니다.

　㉮와 ㉯의 톱니 수의 비가 4 : 3이므로

　㉮와 ㉯의 회전수의 비는 .... : ....입니다.

❸ 톱니바퀴 ㉯의 회전수를 □바퀴라 하여 비례식을 세우고, □를 구하세요.

　......... : .... = 15 : □

　➡ ...., □ = ...

❹ 답을 쓰세요.　톱니바퀴 ㉮가 15바퀴 도는 동안 톱니바퀴 ㉯는 .... 돕니다.

1 지율이는 장난감 가게에 구슬을 사러 갔습니다. 지율이가 10000원을 가지고 있다면 구슬을 몇 개 살 수 있는지 구하세요.

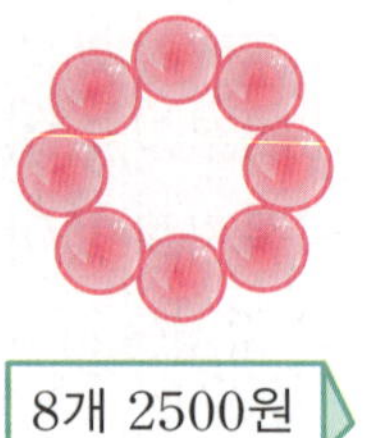

8개 2500원

풀이 10000원으로 살 수 있는 구슬 수를 □개라 하여 비례식을 세우면

$8 : 2500 = \square : \underline{\hspace{4cm}}$

$\rightarrow \quad 8 \times \underline{\hspace{3cm}} = 2500 \times \square$

$2500 \times \square = \underline{\hspace{3cm}}$

$\square = \underline{\hspace{2cm}}$

답 _______________________

2 삶은 감자 100 g의 열량은 55킬로칼로리입니다. 삶은 감자 240 g의 열량은 몇 킬로칼로리인가요?

풀이 ❶ 삶은 감자 240 g의 열량을 □킬로칼로리라 하여 비례식을 세우세요.

❷ ❶에서 세운 비례식에서 □를 구하세요.

답 _______________________

3 민서네 반 학생의 15 %는 동생이 있습니다. 동생이 있는 학생이 3명이라면 민서네 반 전체 학생은 몇 명인지 구하세요.

풀이 ❶ 민서네 반 전체 학생 수를 ☐명이라 하여 비례식을 세우세요.

$$15 : 3 = \text{\.\.\.\.\.\.} : \boxed{}$$

❷ ❶에서 세운 비례식에서 ☐를 구하세요.

답 ....

도전!

4 일정한 빠르기로 1.8시간 동안 110 km를 가는 자동차가 있습니다. 이 자동차가 같은 빠르기로 165 km를 가려면 몇 시간 몇 분이 걸리는지 구하세요.

풀이 ❶ 165 km를 가는 데 걸리는 시간을 ☐시간이라 하여 비례식을 세우고, ☐를 구하세요.

❷ 165 km를 가는 데 걸리는 시간은 몇 시간 몇 분인지 구하세요.

답 ....

비례배분

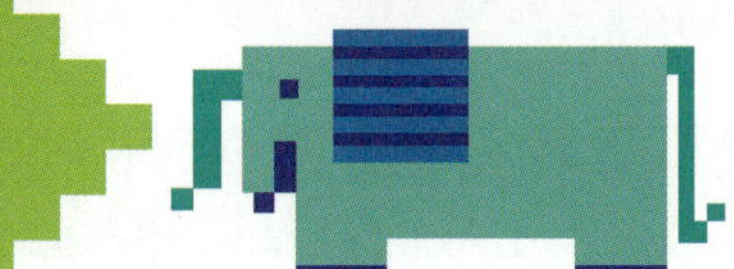

대표문제 1

연필 24자루를 진주와 진서가 3 : 5로 나누어 가지려고 합니다.
진주와 진서는 연필을 몇 자루씩 가지게 되는지 구하세요.

문제읽고

❶ 무엇을 구하는 문제인가요? 구하는 것에 밑줄 치세요.

❷ 주어진 것은 무엇인가요? ○표 하고 답하세요.

전체 연필 수 : ....자루, 진주와 진서가 나누어 가지려는 비 ➡ .... : ....

풀이쓰고

❸ 진주와 진서는 연필을 몇 자루씩 가지게 되는지 구하세요.

[진주] $24 \times \dfrac{\boxed{}}{3+5} = 24 \times \dfrac{\boxed{}}{\boxed{}} = $ ....(자루)

[진서] $24 \times \dfrac{\boxed{}}{3+5} = 24 \times \dfrac{\boxed{}}{\boxed{}} = $ ....(자루)

❹ 답을 쓰세요.

연필을 진주는 ...., 진서는 .... 가지게 됩니다.

한번 더 OK 2

규진이네 과수원의 사과밭과 포도밭의 넓이의 비는 7 : 4입니다.
과수원의 전체 넓이가 $5005 \ \text{m}^2$일 때
사과밭과 포도밭의 넓이는 각각 몇 m^2인지 구하세요.

문제읽고

❶ 무엇을 구하는 문제인가요? 구하는 것에 밑줄 치세요.

❷ 주어진 것은 무엇인가요? ○표 하고 답하세요.

과수원의 전체 넓이 : .... m^2

사과밭과 포도밭의 넓이의 비 ➡ .... : ....

풀이쓰고

❸ 사과밭과 포도밭의 넓이는 각각 몇 ㎡인지 구하세요.

[사과밭] $5005 \times \dfrac{\boxed{}}{7+4} = 5005 \times \dfrac{\boxed{}}{\boxed{}} = $ .... (m^2)

[포도밭] $5005 \times \dfrac{\boxed{}}{7+4} = 5005 \times \dfrac{\boxed{}}{\boxed{}} = $ .... (m^2)

❹ 답을 쓰세요.

사과밭의 넓이는 ...., 포도밭의 넓이는 .... 입니다.

3

승우네 가족과 채린이네 가족이 조개 캐기 체험에서 캔 조개 45개를
가족 수에 따라 나누어 주려고 합니다.
승우네 가족은 5명, 채린이네 가족은 4명이라면
조개를 몇 개씩 나누어 주어야 하는지 구하세요.

문제읽고

❶ 무엇을 구하는 문제인가요? 구하는 것에 밑줄 치세요.
❷ 주어진 것은 무엇인가요? ○표 하고 답하세요.

캔 조개 수 : ....개, 승우네와 채린이네 가족 수의 비 ➡ .... : ....

풀이쓰고

❸ 승우네와 채린이네 가족에게 조개를 몇 개씩 나누어 주어야 하는지 구하세요.

$$[승우네] \quad 45 \times \frac{\Box}{5+4} = 45 \times \frac{\Box}{\Box} = \text{............} (개)$$

$$[채린이네] \quad 45 \times \frac{\Box}{5+4} = 45 \times \frac{\Box}{\Box} = \text{............} (개)$$

❹ 답을 쓰세요.   조개를 승우네 ...., 채린이네 .... 씩 나누어 주어야 합니다.

4

㉮ 회사는 2억 원, ㉯ 회사는 3억 원을 투자하여 20억 원의 이익을 얻었습니다.
두 회사가 투자한 금액의 비에 따라 이익금을 나누어 가지려고 합니다.
어느 회사가 이익금을 얼마 더 많이 받는지 구하세요.

문제읽고

❶ 구하는 것에 밑줄 치고, 주어진 것에 ○표 하세요.

풀이쓰고

❷ ㉮ 회사와 ㉯ 회사의 투자금의 비를 간단한 자연수의 비로 나타내세요.

㉮ 회사와 ㉯ 회사의 투자금의 비 ➡ 2억 : 3억 ➡ .... : ....

❸ 어느 회사가 이익금을 얼마 더 많이 받는지 구하세요.

$$[㉮ 회사] \quad 20억 \times \frac{\Box}{2+3} = 20억 \times \frac{\Box}{\Box} = \text{...............} (원)$$

$$[㉯ 회사] \quad 20억 \times \frac{\Box}{2+3} = 20억 \times \frac{\Box}{\Box} = \text{...............} (원)$$

➡ .... < .... 이므로 (㉮ **회사** , ㉯ **회사**)가

.... − .... = ... (원) 더 많이 받습니다.

❹ 답을 쓰세요.   .... 가 .... 더 많이 받습니다.

1 윤호가 가지고 있는 인물 사진과 풍경 사진 수의 비는 8 : 1입니다. 사진이 모두 135장이라면 인물 사진과 풍경 사진은 몇 장씩 있는지 구하세요.

풀이

[인물 사진] $135 \times \dfrac{\boxed{}}{8+1} = 135 \times \dfrac{\boxed{}}{\boxed{}} =$ ·············· (장)

[풍경 사진] $135 \times$ ······················ = ··················

$=$ ············ (장)

답 인물 사진 :   , 풍경 사진 :

문제읽기 CHECK
- 구하는 것에 밑줄, 주어진 것에 ○표!
- 인물 사진과 풍경 사진 수의 비는?

        :

- 전체 사진 수는?

        장

---

2 찰흙 6300 g을 샛별 모둠과 라온 모둠에 학생 수에 따라 나누어 주려고 합니다. 샛별 모둠은 3명, 라온 모둠은 4명이라면 두 모둠에 찰흙을 몇 g씩 주어야 하는지 구하세요.

풀이

답 샛별 모둠 :   , 라온 모둠 :

문제읽기 CHECK
- 구하는 것에 밑줄, 주어진 것에 ○표!
- 전체 찰흙의 무게는?

        g

- 샛별 모둠의 학생 수는?

        명

- 라온 모둠의 학생 수는?

        명

3 두 평행사변형 가와 나의 넓이의 합은 1155 cm^{2}입니다. 평행사변형 가의 넓이는 몇 cm^{2}인가요?

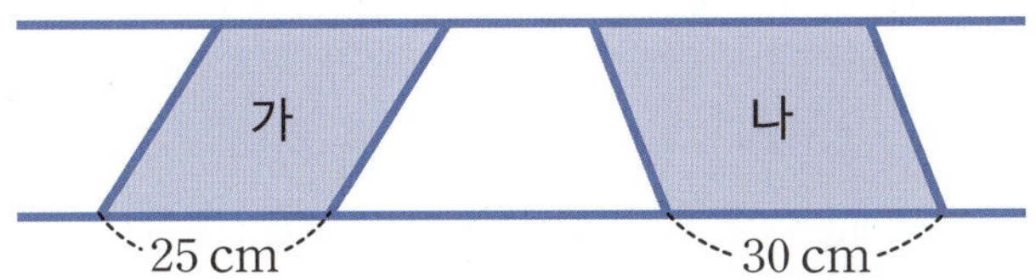

풀이

❶ 평행사변형 가와 나의 밑변의 길이의 비를 간단한 자연수의 비로 나타내세요.

❷ 평행사변형 가의 넓이를 구하세요.

평행사변형 **가**와 **나**의 높이가 같으므로

평행사변형 **가**와 **나**의 넓이의 비는

.... 의 길이의 비와 같습니다.

➡ (평행사변형 **가**의 넓이) = ...

= .... (cm^2)

답 ....

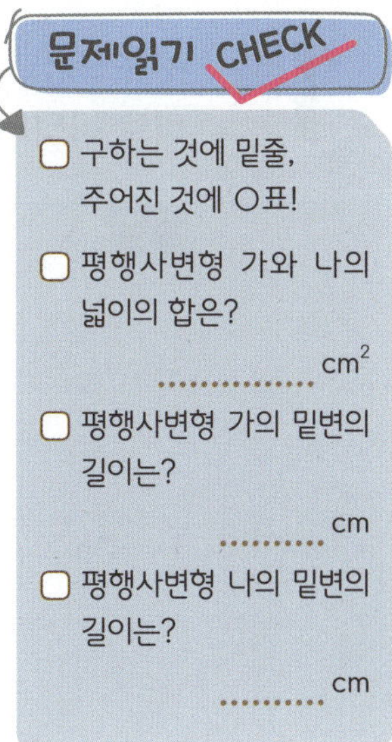

도전!

4 색 테이프를 경서와 영재가 5 : 2로 나누어 가졌더니 영재가 12 cm를 가지게 되었습니다. 처음 색 테이프의 길이는 몇 cm인가요?

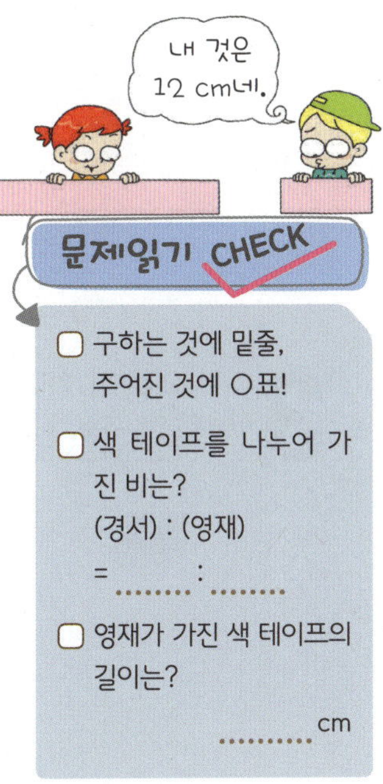

풀이

❶ 처음 색 테이프의 길이를 ☐ cm라 하여 비례배분하는 식을 만드세요.

❷ ❶에서 만든 식에서 ☐를 구하세요.

답 ....

1 우유 2.1 L와 주스 1.5 L가 있습니다. 우유와 주스의 양의 비를 간단한 자연수의 비로 나타내세요. **(5점)**

 풀이

 답

2 어느 농구 선수가 3점 슛을 5개 성공시킬 때마다 12000원씩 기부하기로 하였습니다. 기부 금액이 60만 원이 되려면 3점 슛을 몇 개 성공시켜야 하는지 비례식의 성질을 이용하여 구하세요. **(5점)**

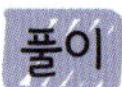 풀이

 답

3 색종이 150장을 준호와 나영이가 8 : 7로 나누어 가지려고 합니다. 준호와 나영이는 색종이를 몇 장씩 가지게 되는지 구하세요. **(6점)**

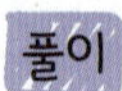 풀이

답 준호 : , 나영 :

4 맞물려 돌아가는 두 톱니바퀴 ㉮와 ㉯가 있습니다. ㉮의 톱니 수는 14개이고, ㉯의 톱니 수는 21개입니다. 톱니바퀴 ㉮와 ㉯의 회전수의 비를 간단한 자연수의 비로 나타내세요. **(6점)**

풀이

답 ....

5 수 카드 중에서 4장을 골라 비례식을 세우세요. **(6점)**

풀이

답 ....

6 영훈이네 논과 밭의 넓이의 비는 $4\frac{1}{2} : 3\frac{3}{5}$ 입니다. 논의 넓이가 $60 \ m^2$일 때 밭의 넓이는 몇 m^2인지 비례식의 성질을 이용하여 구하세요. **(7점)**

풀이

답 ....

7 가로와 세로의 비가 2 : 7이고 둘레가 90 cm인 직사각형이 있습니다. 이 직사각형의 세로는 몇 cm인지 두 가지 방법으로 구하세요. **(8점)**

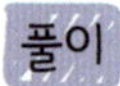 풀이　**방법 1**　비례배분하기

방법 2　비례식을 세운 다음, 비의 성질을 이용하기

답 

8 직사각형 ㉮와 정사각형 ㉯가 오른쪽 그림과 같이 겹쳐져 있습니다. 겹쳐진 부분의 넓이는 ㉮의 $\dfrac{1}{3}$이고, ㉯의 $\dfrac{4}{9}$입니다. ㉮와 ㉯의 넓이의 비를 간단한 자연수의 비로 나타내세요. **(8점)**

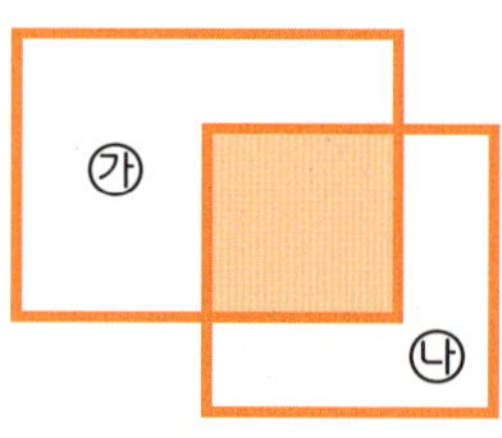

풀이

답

펭귄 마을 스케이트 대회

거울에 비친 모습을 찾아 주세요.

씽씽! 펭귄 마을에서 스케이트 대회가 열렸어요.
신나게 달리다 하마터면 앞에 있는 거울에 부딪칠 뻔했어요!
거울에 비친 펭귄들의 모습을 찾아볼까요?

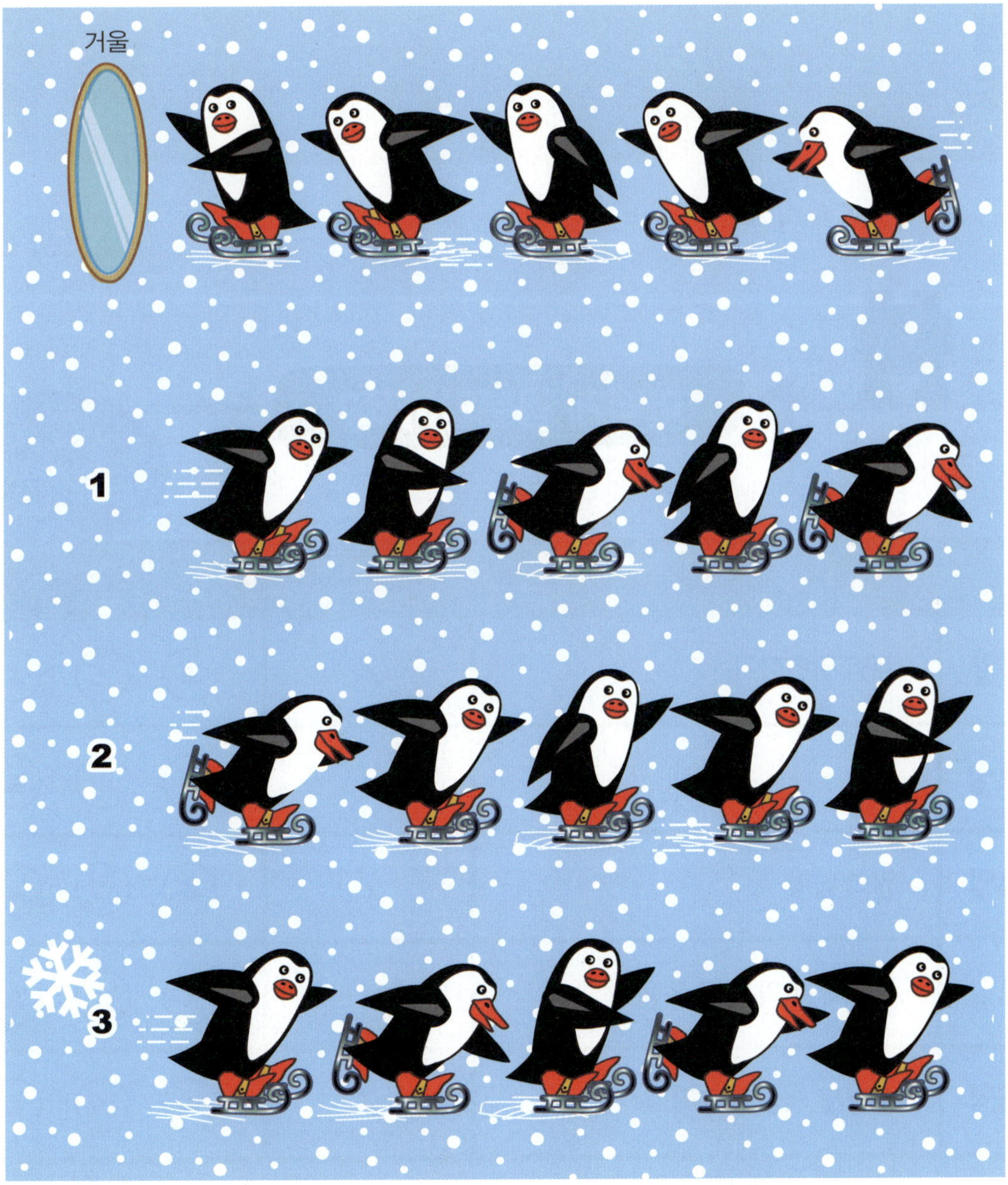

원의 넓이

어떻게 공부할까요?

계획대로 공부했나요?
스스로 평가하여
알맞은 표정에 색칠하세요.

교재 날짜	공부할 내용	공부한 날짜	스스로 평가
21일	개념 확인하기	/	😀 🙂 😧
22일	원주	/	😀 🙂 😧
23일	원의 넓이	/	😀 🙂 😧
24일	원주와 원의 넓이 응용	/	😀 🙂 😧
25일	문장제 서술형 평가	/	😀 🙂 😧

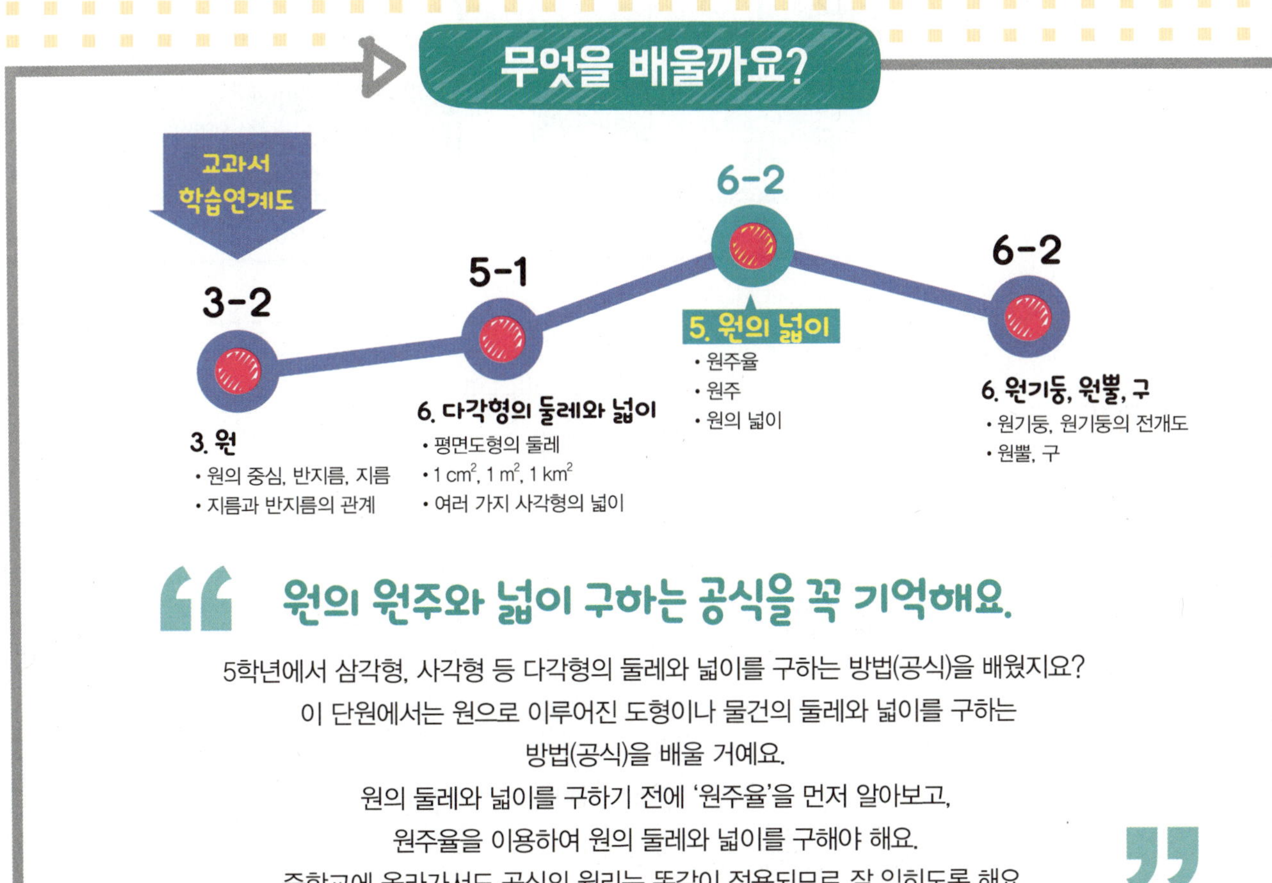

원의 원주와 넓이 구하는 공식을 꼭 기억해요.

5학년에서 삼각형, 사각형 등 다각형의 둘레와 넓이를 구하는 방법(공식)을 배웠지요?
이 단원에서는 원으로 이루어진 도형이나 물건의 둘레와 넓이를 구하는
방법(공식)을 배울 거예요.
원의 둘레와 넓이를 구하기 전에 '원주율'을 먼저 알아보고,
원주율을 이용하여 원의 둘레와 넓이를 구해야 해요.
중학교에 올라가서도 공식의 원리는 똑같이 적용되므로 잘 익히도록 해요.

개념 확인하기

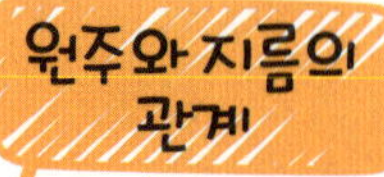
원주와 지름의 관계

1 설명이 맞으면 ○표, 틀리면 ×표 하세요.

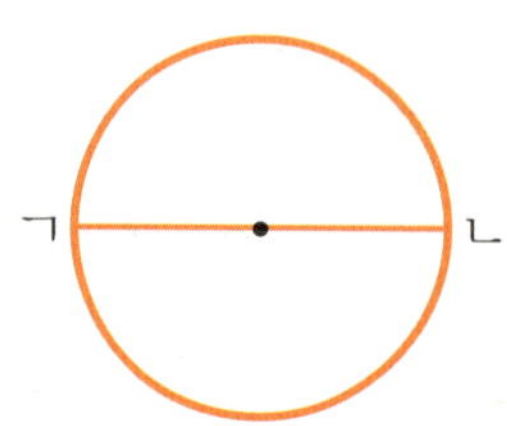

(1) 원의 둘레를 원주라고 합니다. ....

(2) 원의 중심을 지나는 선분 ㄱㄴ은
원의 반지름입니다. ....

(3) 원의 지름이 길어지면
원주도 길어집니다. ....

원주율

2 원주율을 반올림하여 주어진 자리까지 나타내세요.

(1)

원주 (cm)	지름 (cm)	원주율 일의 자리까지
12.5	4	

(2)

원주 (cm)	지름 (cm)	원주율 일의 자리까지
88	28	

(3)

원주 (cm)	지름 (cm)	원주율 소수 첫째 자리까지
18.5	6	

(4)

원주 (cm)	지름 (cm)	원주율 소수 둘째 자리까지
283	90	

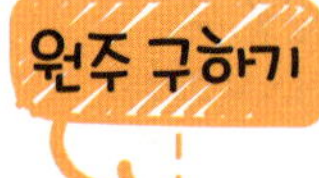
원주 구하기

3 원주를 구하세요. (원주율: 3.14)

(1)
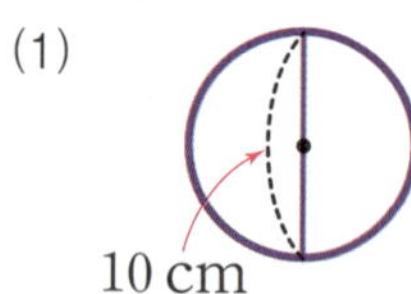

(2)
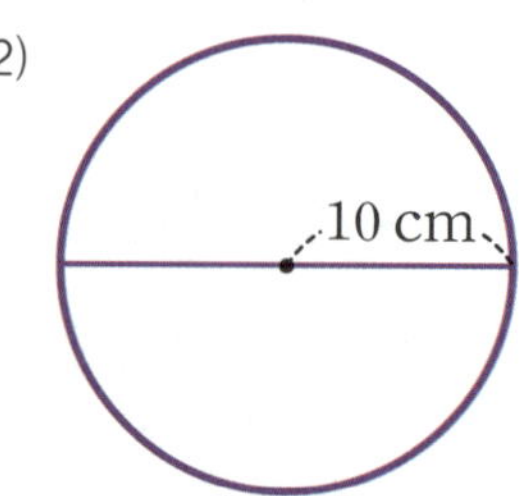

(원주) = (지름) × (원주율)

= .... × 3.14

= .... (cm)

(원주) = (반지름) × 2 × (원주율)

= .... × .... × 3.14

= .... (cm)

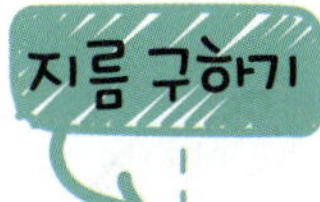

4 원주를 보고 지름을 구하세요. (원주율: 3)

원주(cm)	지름을 구하는 식	지름(cm)
12	12÷3	
19.5		
36		

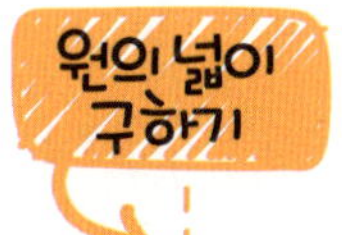

5 그림을 보고 반지름이 7 cm인 원의 넓이를 어림하세요.

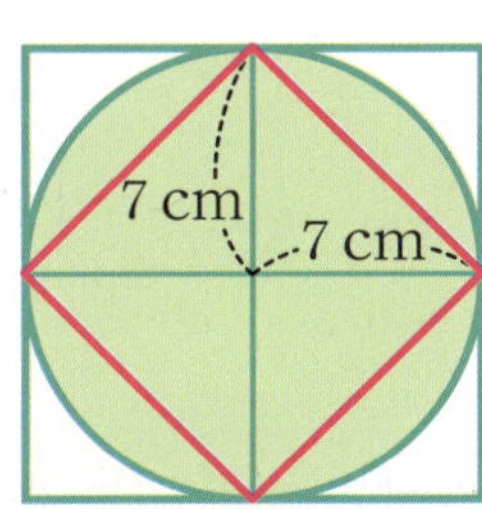

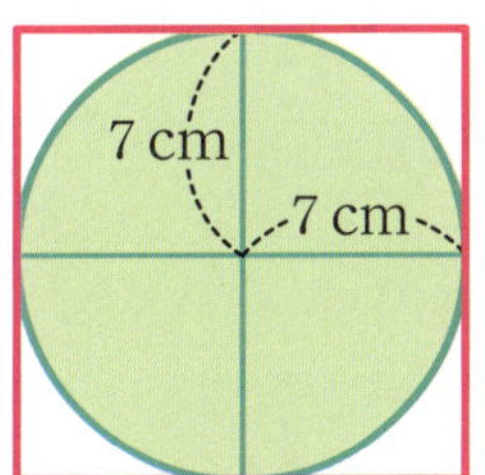

원 안에 있는 정사각형의 넓이

.... cm^2 < (원의 넓이)

(원의 넓이) < .... cm^2

원 밖에 있는 정사각형의 넓이

6 원의 넓이를 구하세요. (원주율: 3.1)

(1)
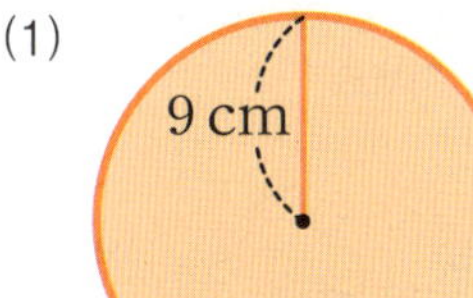

(2)
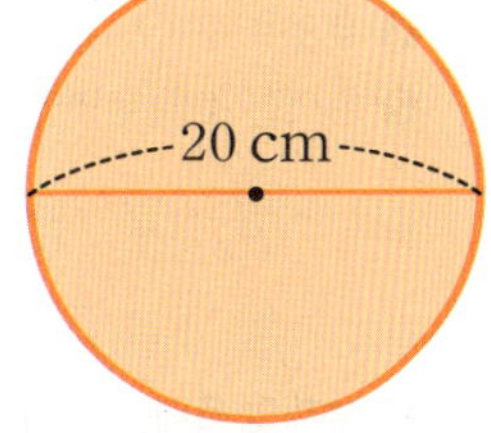

(원의 넓이)

= ....×........×3.1

= .... (cm^2)

(원의 넓이)

= ....×........×3.1

= .... (cm^2)

원주

1

윤주는 지름이 14 cm인 원 모양의
심벌즈를 연주하고 있습니다.
심벌즈 한 쪽의 원주는 몇 cm인가요? (원주율: 3.1)

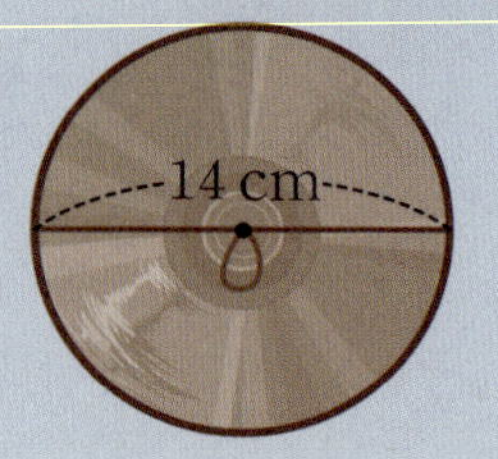

문제읽고

❶ 무엇을 구하는 문제인가요? 구하는 것에 밑줄 치세요.
❷ 주어진 것은 무엇인가요? ○표 하고 답하세요.

（심벌즈의 지름) = ... cm, (원주율) = ...

풀이쓰고

❸ 심벌즈 한 쪽의 원주를 구하세요.

（심벌즈 한 쪽의 원주) = (지름) (× , ÷) (원주율)

= .... = ... (cm)

❹ 답을 쓰세요.　　심벌즈 한 쪽의 원주는 ....입니다.

2

지훈이가 오른쪽 그림과 같은 부채를 만들었습니다.
부채의 둘레는 몇 cm인가요? (원주율: 3.14)

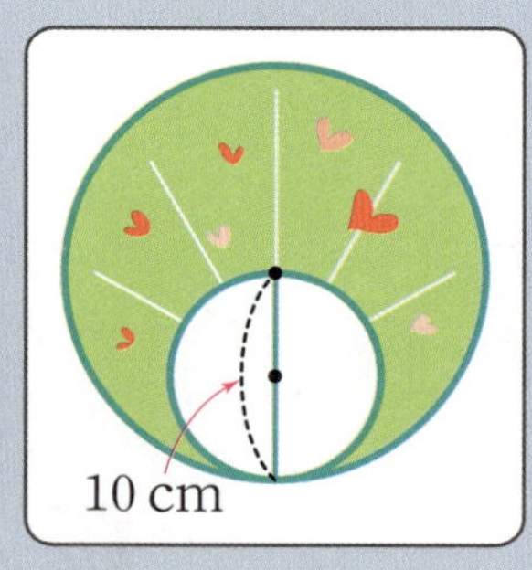

문제읽고

❶ 무엇을 구하는 문제인가요? 구하는 것에 밑줄 치세요.
❷ 주어진 것은 무엇인가요? ○표 하고 답하세요.

（큰 원의 반지름) = (작은 원의 지름) = ... cm, (원주율) = ...

풀이쓰고

❸ 부채의 둘레를 구하세요.

（부채의 둘레) = (큰 원의 원주) (+ , −) (작은 원의 원주)

= .... × 2 × 3.14 (+ , −) .... × 3.14

= .... (cm)

❹ 답을 쓰세요.　　부채의 둘레는 ....입니다.

대표문제

3

원 모양의 자전거 바퀴를 한 바퀴 굴려서 간 거리가 150 cm입니다.
자전거 바퀴의 지름은 몇 cm인가요? (원주율: 3)

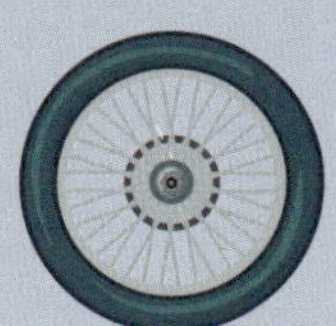 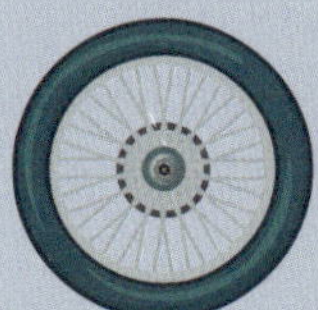

문제읽고

❶ 무엇을 구하는 문제인가요? 구하는 것에 밑줄 치세요.
❷ 주어진 것은 무엇인가요? ○표 하고 답하세요.

(자전거 바퀴를 한 바퀴 굴려서 간 거리)= .... cm, (원주율) = ...

풀이쓰고

❸ 자전거 바퀴의 지름을 구하세요.

자전거 바퀴를 한 바퀴 굴려서 간 거리는 (**원주** , **원주율**)과 같으므로

(지름) = (원주) (× , ÷) (원주율)

= .... = ... (cm)

❹ 답을 쓰세요.

자전거 바퀴의 지름은 ....입니다.

한번더 OK

4

원주가 24.8 cm인 원의 반지름은 몇 cm인지 구하세요. (원주율: 3.1)

문제읽고

❶ 무엇을 구하는 문제인가요? 구하는 것에 밑줄 치세요.
❷ 주어진 것은 무엇인가요? ○표 하고 답하세요.

(원주) = ... cm, (원주율) = ...

풀이쓰고

❸ 원의 반지름을 구하세요.

(반지름) = (원주) (× , ÷) (원주율)÷2

> (반지름)=(지름)÷2,
> (지름)=(원주)÷(원주율)
> → (반지름)=(원주)÷(원주율)÷2

= .... = ... (cm)

❹ 답을 쓰세요.

원의 반지름은 ....입니다.

1 원 모양의 접시가 있습니다. 접시의 반지름이 8 cm일 때 접시의 원주는 몇 cm인지 구하세요. (원주율: 3.14)

풀이 (접시의 원주) = (반지름) × 2 (**×** , **÷**) (원주율)

= ....

= .... (cm)

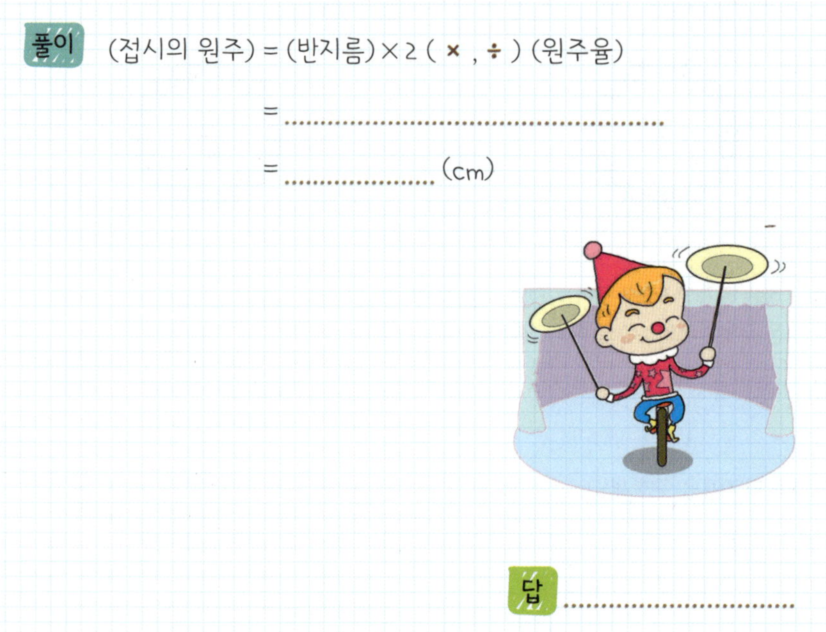

답 ....

문제읽기 CHECK ✓

☐ 구하는 것에 밑줄, 주어진 것에 ○표!

☐ 접시의 반지름은?
.... cm

☐ 원주율은?
....

2 지름이 12 cm인 원 가와 원주가 45 cm인 원 나가 있습니다. 두 원 중에서 어느 원의 지름이 몇 cm 더 긴지 구하세요. (원주율: 3)

풀이 ❶ 원 나의 지름을 구하세요.

❷ 원 가와 원 나 중에서 어느 원의 지름이 몇 cm 더 긴지 구하세요.

답 ....

문제읽기 CHECK ✓

☐ 구하는 것에 밑줄, 주어진 것에 ○표!

☐ 원 가의 지름은?
.... cm

☐ 원 나의 원주는?
.... cm

☐ 원주율은?
....

3 밑면의 원주가 124 cm인 쿠키 통을 밑면이 정사각형 모양인 사각기둥 모양의 상자에 담으려고 합니다. 상자 밑면의 한 변의 길이는 몇 cm 이상이어야 하는지 구하세요. (단, 상자의 두께는 생각하지 않습니다.) (원주율: 3.1)

풀이 ❶ 쿠키 통을 위의 그림과 같이 상자에 꼭 맞게 넣었다면, 상자 밑면의 한 변의 길이는 쿠키 통 밑면의 무엇과 같은지 쓰세요.

❷ 상자 밑면의 한 변의 길이는 몇 cm 이상이어야 하는지 구하세요.

답 ....

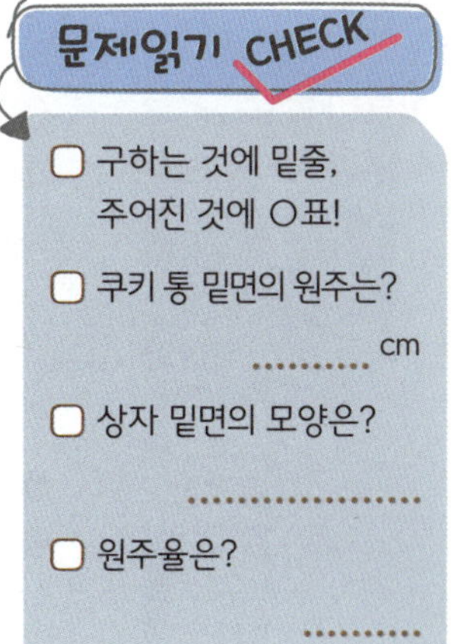

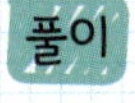

4 오른쪽 도형의 둘레는 몇 cm인지 구하세요. (원주율: 3.14)

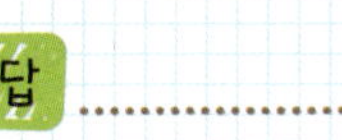

풀이 ❶ 도형의 둘레를 곡선은 빨간색, 직선은 파란색으로 나타내세요.

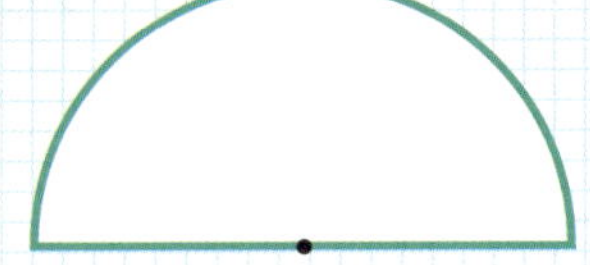

❷ 도형의 둘레를 구하세요.

답 ....

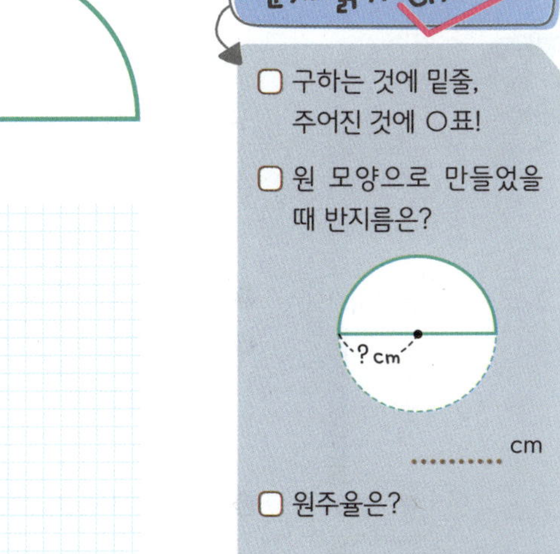

원의 넓이

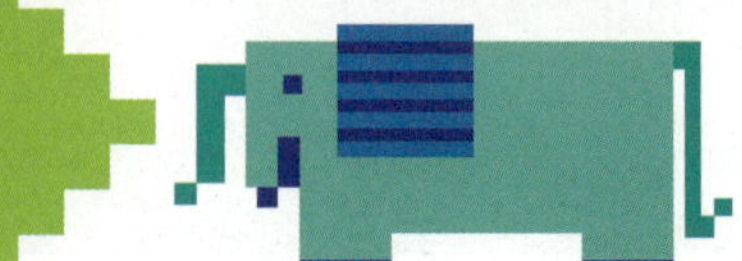

대표문제

1

원 모양의 원반이 있습니다.
원반의 반지름이 10 cm일 때
원반의 넓이는 몇 cm^2인지 구하세요.
(원주율: 3.14)

문제읽고

❶ 무엇을 구하는 문제인가요? 구하는 것에 밑줄 치세요.

❷ 주어진 것은 무엇인가요? ○표 하고 답하세요.

　(원반의 반지름) = ... cm, (원주율) = ...

풀이쓰고

❸ 원반의 넓이를 구하세요.

　(원반의 넓이) = (반지름) (× , ÷) (반지름) (× , ÷) (원주율)

　　　　　= .... = ... (cm^2)

❹ 답을 쓰세요.

　원반의 넓이는 .... 입니다.

한번 더 OK

2

지름이 60 m인 원 모양의 연못이 있습니다.
연못의 넓이는 몇 m^2인가요? (원주율: 3.1)

문제읽고

❶ 무엇을 구하는 문제인가요? 구하는 것에 밑줄 치세요.

❷ 주어진 것은 무엇인가요? ○표 하고 답하세요.

　(연못의 지름) = ... m, (원주율) = ...

풀이쓰고

❸ 연못의 반지름을 구하세요.

　(반지름) = (지름) (× , ÷) 2 = ... = ... (m)

❹ 연못의 넓이를 구하세요.

　(연못의 넓이) = (반지름) (× , ÷) (반지름) (× , ÷) (원주율)

　　　　　= .... ÷ .... (m^2)

❺ 답을 쓰세요.

　연못의 넓이는 .... 입니다.

대표문제

3

오른쪽 그림은 반원을 이용하여 그린 하트 모양입니다.
하트 모양의 넓이는 몇 cm^2인가요? (원주율: 3.1)

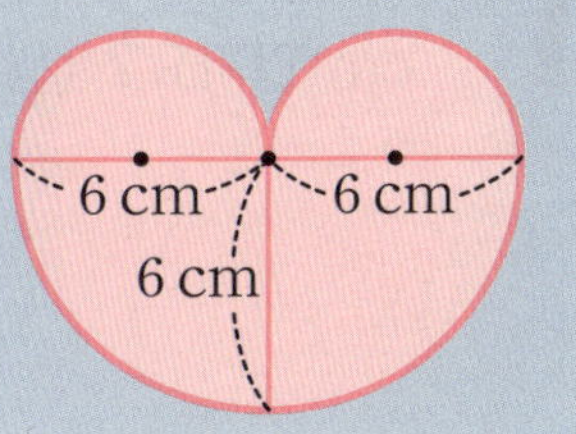

문제읽고

❶ 무엇을 구하는 문제인가요? 구하는 것에 밑줄 치세요.
❷ 주어진 것은 무엇인가요? ◯표 하고 답하세요.

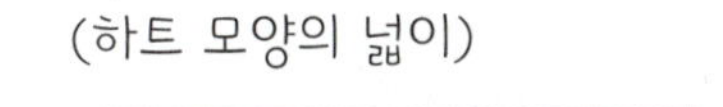

(작은 반원의 지름) = ... cm ➡ (작은 반원의 반지름) = ... ÷2 = ... (cm)

(큰 반원의 반지름) = ... cm, (원주율) = ...

풀이쓰고

❸ 하트 모양의 넓이를 구하세요.

(하트 모양의 넓이)

= (작은 두 반원의 넓이의 합)＋(큰 반원의 넓이)

= (지름이 6 cm인 원의 넓이)＋(반지름이 6 cm인 반원의 넓이)

= ....＋.. = ... (cm^2)

❹ 답을 쓰세요.   하트 모양의 넓이는 ....입니다.

한단계 UP

4

오른쪽 과녁에서
파란색이 차지하는 넓이와 빨간색이 차지하는
넓이의 차는 몇 cm^2인지 구하세요. (원주율: 3)

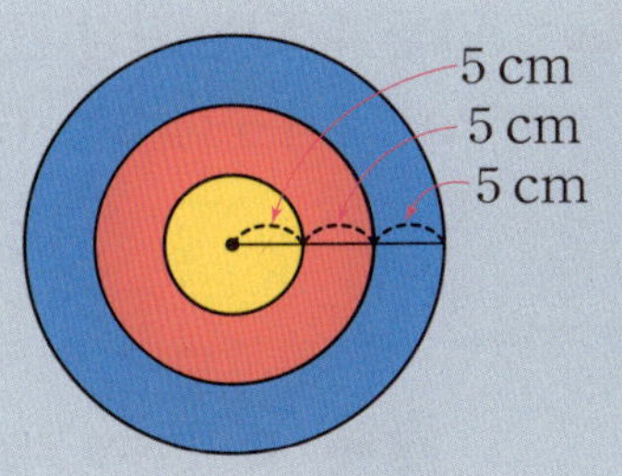

문제읽고

❶ 구하는 것에 밑줄 치고, 주어진 것에 ◯표 하세요.

풀이쓰고

❷ 파란색이 차지하는 넓이와 빨간색이 차지하는 넓이의 차를 구하세요.

(파란색 넓이) = (반지름이 15 cm인 원의 넓이)－(반지름이 10 cm인 원의 넓이)

= .... = ... (cm^2)

(빨간색 넓이) = (반지름이 .... cm인 원의 넓이)－(반지름이 .... cm인 원의 넓이)

= .... = ... (cm^2)

➡ (넓이의 차) = ... － .... = ... (cm^2)

❸ 답을 쓰세요.   파란색과 빨간색이 차지하는 넓이의 차는 ....입니다.

1 규호는 그림과 같이 컴퍼스를 벌려 원을 그렸습니다. 원의 넓이는 몇 cm²인가요? (원주율: 3)

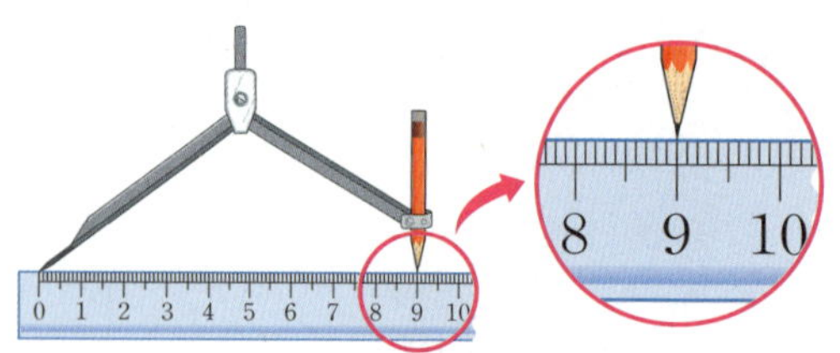

풀이 (반지름) = (컴퍼스의 침과 연필심 사이의 거리)

= .... cm

(원의 넓이) = (반지름) (× , ÷) (반지름) (× , ÷) (원주율)

= ....

= .... (cm²)

답 ....

문제읽기 CHECK

☐ 구하는 것에 밑줄, 주어진 것에 ○표!

☐ 컴퍼스의 침과 연필심 사이의 거리는?
.... cm

☐ 원주율은?
....

2 오른쪽 직사각형 모양의 종이를 잘라 만들 수 있는 가장 큰 원의 넓이는 몇 cm²인지 구하세요. (원주율: 3.1)

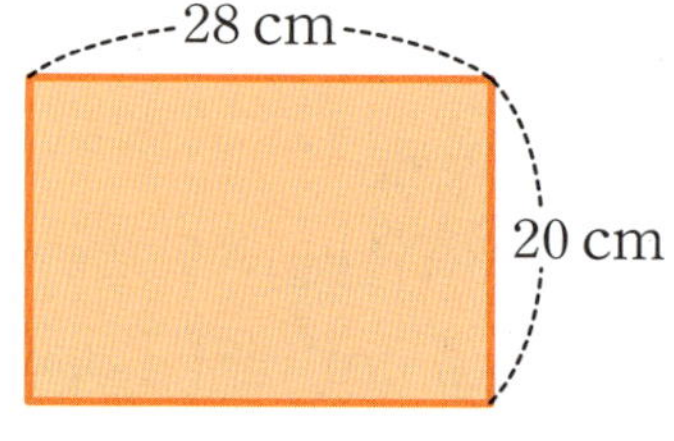

풀이 ❶ 직사각형 모양의 종이를 잘라 만들 수 있는 가장 큰 원의 지름을 구하세요.

❷ 직사각형 모양의 종이를 잘라 만들 수 있는 가장 큰 원의 넓이를 구하세요.

답 ....

문제읽기 CHECK

☐ 구하는 것에 밑줄, 주어진 것에 ○표!

☐ 직사각형의 가로는?
28 cm

☐ 직사각형의 세로는?
.... cm

☐ 원주율은?
....

3 윤재는 정사각형을 그린 후 컴퍼스를 사용하여 오른쪽 그림과 같은 모양을 그려 색칠했습니다. 색칠한 부분의 넓이는 몇 cm²인가요? (원주율: 3)

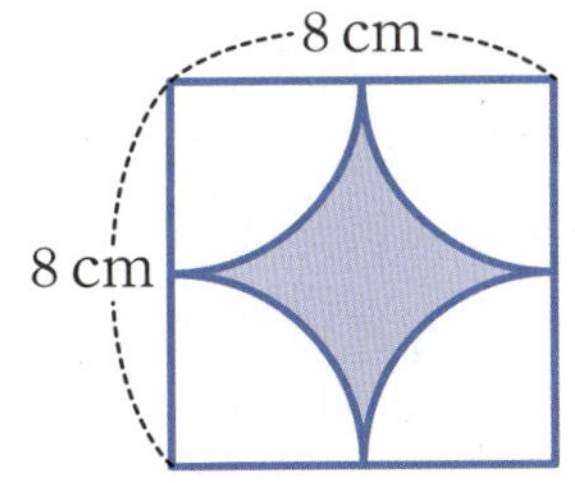

풀이

❶ 빗금 친 부분을 하나로 합치면 어떤 도형이 되나요?

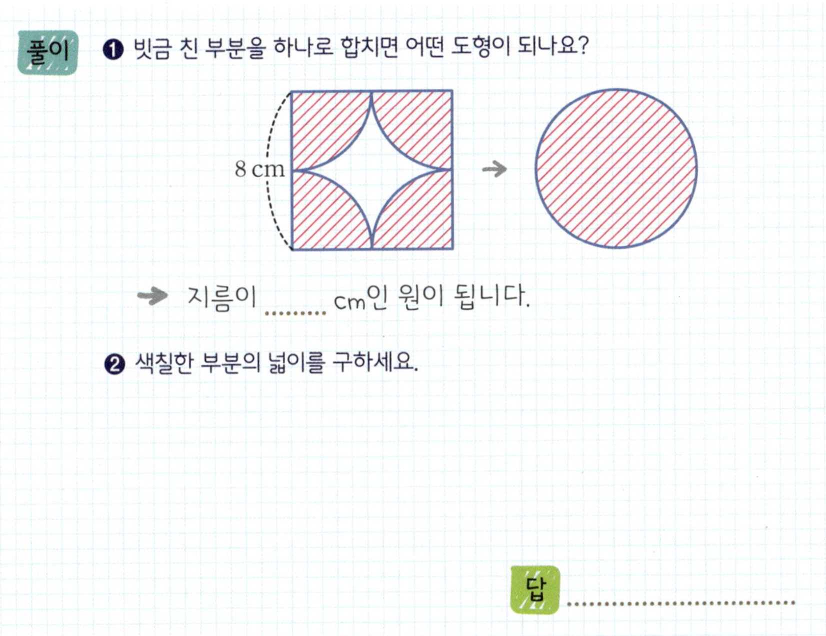

➡ 지름이 .... cm인 원이 됩니다.

❷ 색칠한 부분의 넓이를 구하세요.

답 ....

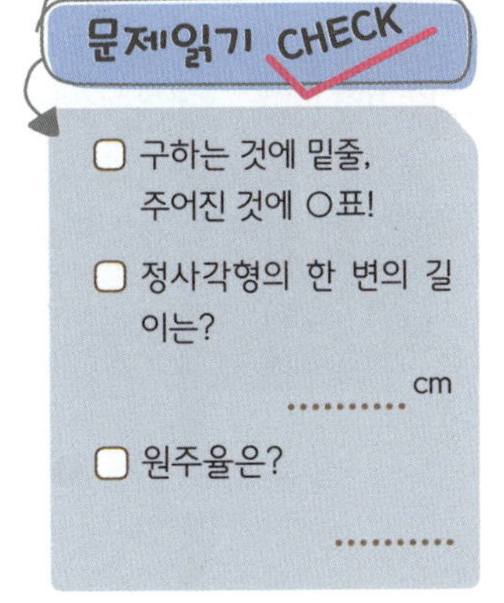

도전!

4 효빈이는 동생에게 동물 가면을 만들어 주려고 종이에 원을 그렸습니다. 원의 넓이가 446.4 cm²일 때 원의 반지름은 몇 cm인지 구하세요. (원주율: 3.1)

풀이

❶ 원의 넓이를 구하는 공식을 이용하여 식을 세우려고 합니다. 빈 곳에 알맞은 말 또는 수를 써넣으세요.

(원의 넓이) = (반지름) × (반지름) × (.....................)

➡ .... = (반지름) × (반지름) × 3.1

❷ 원의 반지름을 구하세요.

답 ....

원주와 원의 넓이 응용

대표문제 1

오른쪽과 같은 음료수 캔을 5바퀴 굴렸습니다.
음료수 캔의 밑면은 지름이 7 cm인 원 모양일 때
음료수 캔이 굴러간 거리는 몇 cm인가요? (원주율: 3.1)

문제읽고

❶ 구하는 것에 밑줄 치고, 주어진 것에 ○표 하세요.

풀이쓰고

❷ 음료수 캔을 한 바퀴 굴렸을 때 굴러간 거리를 구하세요.

(한 바퀴 굴러간 거리) = (음료수 캔 밑면의 원주) = ... = ... (cm)

❸ 음료수 캔을 5바퀴 굴렸을 때 굴러간 거리를 구하세요.

(5바퀴 굴러간 거리) = (한 바퀴 굴러간 거리) × ....

= .... = ... (cm)

❹ 답을 쓰세요.   음료수 캔이 굴러간 거리는 .... 입니다.

대표문제 2

반지름이 12 cm인 원 모양의 피자 한 판을 가와 나 모양으로 나누었습니다.
가와 나의 넓이는 각각 몇 cm²인가요? (원주율: 3)

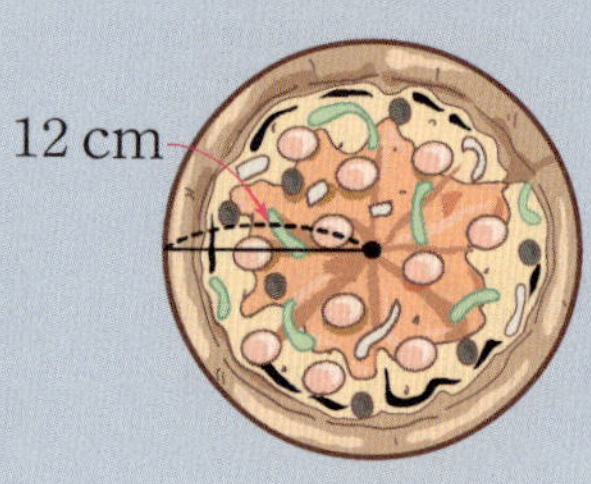

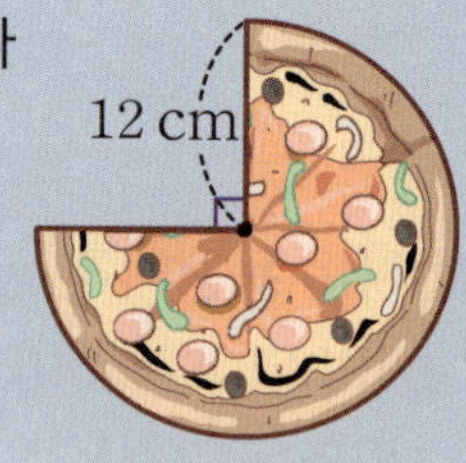

문제읽고

❶ 구하는 것에 밑줄 치고, 주어진 것에 ○표 하세요.

풀이쓰고

❷ 반지름이 12 cm인 원 모양의 피자 한 판의 넓이를 구하세요.

(피자 한 판의 넓이) = ... = ... (cm²)

❸ 가와 나의 넓이를 각각 구하세요.

가 : 피자 한 판의 $\dfrac{\square}{4}$ 이므로 (가의 넓이) = ... × $\dfrac{\square}{4}$ = ... (cm²)

나 : 피자 한 판의 $\dfrac{\square}{4}$ 이므로 (나의 넓이) = ... × $\dfrac{\square}{4}$ = ... (cm²)

❹ 답을 쓰세요.   가의 넓이는 ...., 나의 넓이는 .... 입니다.

대표문제 3

길이가 628 cm인 털실을 남기거나 겹치는 부분 없이 모두 사용하여
원을 한 개 만들었습니다.
원의 넓이는 몇 cm^2인지 구하세요. (원주율: 3.14)

문제읽고

❶ 구하는 것에 밑줄 치고, 주어진 것에 ◯표 하세요.

❷ 길이가 628 cm인 털실을 남기거나 겹치는 부분 없이 모두 사용하여 만든 원의 원주는 몇 cm인가요?

　(원주) = (털실의 길이) = ... cm

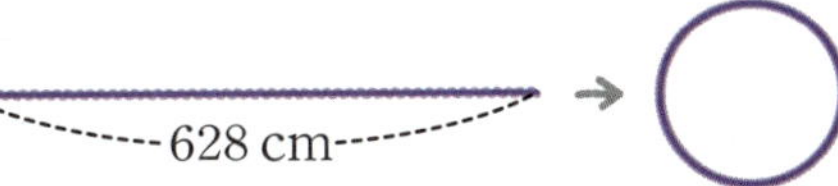

풀이쓰고

❸ 원주를 구하는 공식을 이용하여 식을 세우고, 원의 지름을 구하세요.

　(원주) = (지름) × (원주율)이므로 .... = (지름) × ....

　➡ (지름) = ... ÷ .... = ... (cm)

❹ 털실로 만든 원의 넓이를 구하세요.

　(반지름) = ... ÷ 2 = ... (cm)
　　　　　　　지름

　(원의 넓이) = ... = ... (cm^2)

❺ 답을 쓰세요.　털실로 만든 원의 넓이는 .... 입니다.

한단계 UP 4

원 모양의 표지판이 있습니다.
표지판의 넓이가 4960 cm^2일 때
표지판의 원주는 몇 cm인지 구하세요. (원주율: 3.1)

문제읽고

❶ 구하는 것에 밑줄 치고, 주어진 것에 ◯표 하세요.

풀이쓰고

❷ 원의 넓이를 구하는 공식을 이용하여 식을 세우고, 원의 반지름을 구하세요.

　(원의 넓이) = (반지름) × (반지름) × (원주율)이므로

　............... = (반지름) × (반지름) × ....

　➡ (반지름) × (반지름) = ... ÷ .... = ...,

　............... × .... = 1600이므로 (반지름) = ... cm

> 같은 수끼리의 곱을 생각해 봐요.
> 2×2=4, 3×3=9,
> 4×4=16, 5×5=25,
> 6×6=36……

❸ 표지판의 원주를 구하세요.

　(원주) = ... × 2 × 3.1 = ... (cm)
　　　　　　반지름

❹ 답을 쓰세요.　표지판의 원주는 .... 입니다.

1 지름이 60 cm인 굴렁쇠를 굴렸더니 372 cm 앞으로 나아갔습니다. 굴렁쇠를 몇 바퀴 굴렸는지 구하세요. (원주율: 3.1)

풀이

(한 바퀴 굴러간 거리) = (굴렁쇠의 원주)

= ....

= .... (cm)

(굴러간 바퀴 수) = (앞으로 나아간 거리)÷(한 바퀴 굴러간 거리)

= ....

= .... (바퀴)

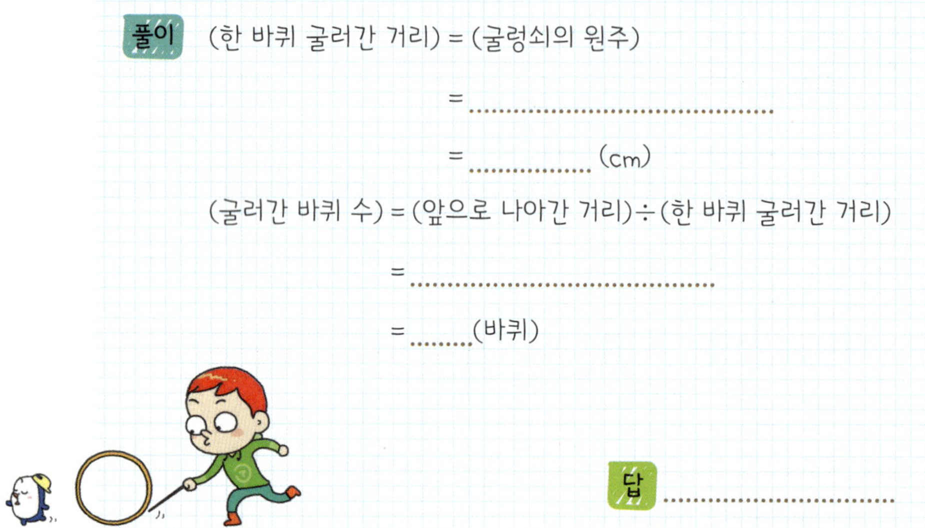

답 ....

문제읽기 CHECK

☐ 구하는 것에 밑줄, 주어진 것에 ○표!

☐ 굴렁쇠의 지름은?
.... cm

☐ 굴렁쇠가 앞으로 나아간 거리는?
.... cm

☐ 원주율은?
....

---

2 오른쪽 그림에서 색칠한 부분의 둘레는 몇 cm인지 구하세요. (원주율: 3)

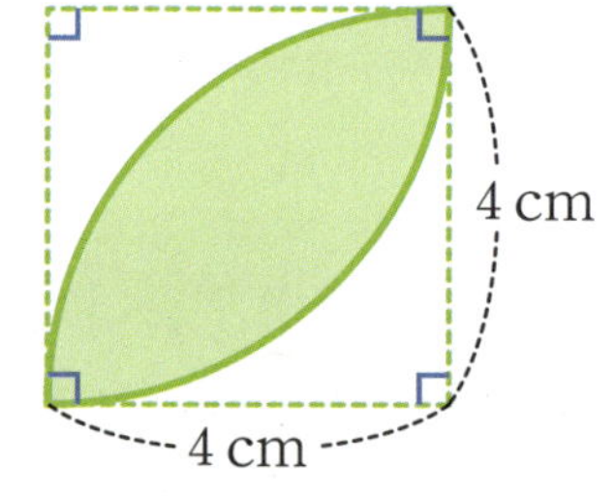

풀이

❶ 빨간색으로 나타낸 곡선은 원주의 얼마만큼인가요?

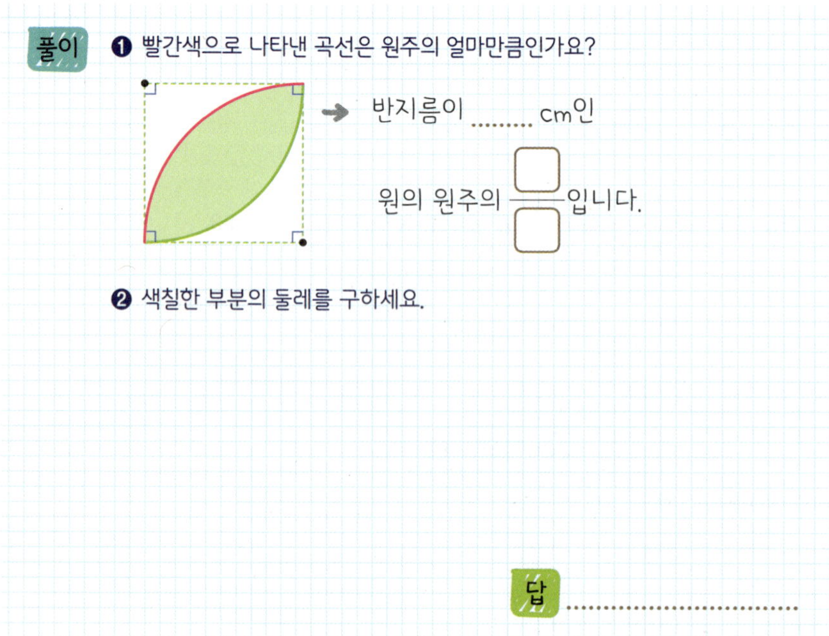

반지름이 .... cm인

원의 원주의 ▢/▢ 입니다.

❷ 색칠한 부분의 둘레를 구하세요.

답 ....

문제읽기 CHECK

☐ 구하는 것에 밑줄, 주어진 것에 ○표!

☐ 원 모양으로 만들었을 때 반지름은?

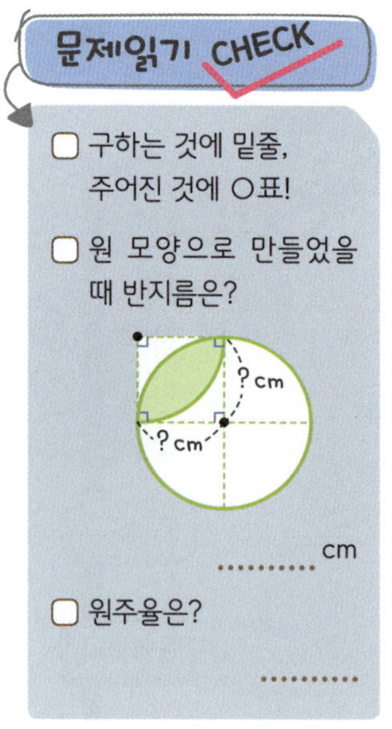

.... cm

☐ 원주율은?
....

3 넓이가 675 m²인 원 모양의 꽃밭이 있습니다. 꽃밭의 원주는 몇 m인지 구하세요. (원주율: 3)

풀이 ❶ 꽃밭의 반지름을 구하세요.

❷ 꽃밭의 원주를 구하세요.

답 ....

4 원 가는 지름이 40 cm이고, 원 나는 원주가 62.8 cm입니다. 원 가의 넓이는 원 나의 넓이의 몇 배인지 구하세요. (원주율: 3.14)

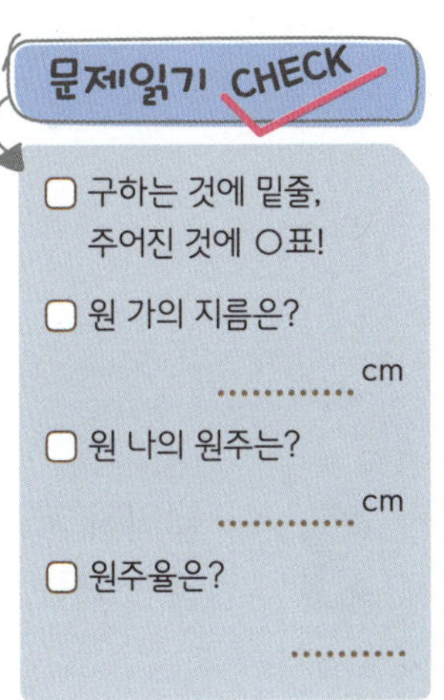

풀이 ❶ 원 가의 넓이를 구하세요.

❷ 원 나의 넓이를 구하세요.

❸ 원 가의 넓이는 원 나의 넓이의 몇 배인가요?

답 ....

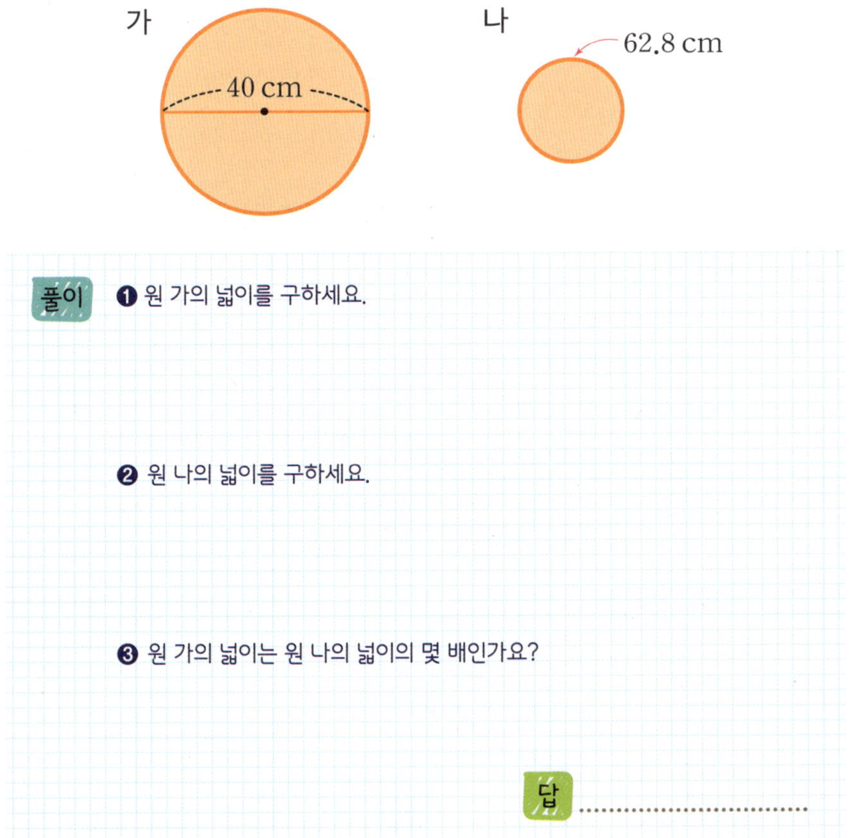

문장제 서술형 평가

1 원 모양의 창문이 있습니다. 창문의 반지름이 33 cm일 때 창문의 넓이는 몇 cm^2인지 구하세요. (원주율: 3) **(5점)**

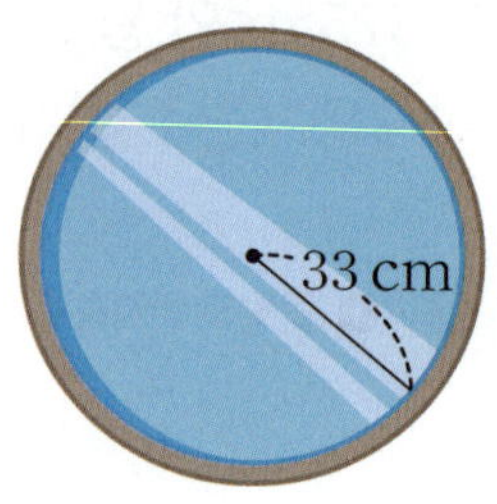

 풀이

답 ....

2 길이가 50.24 cm인 철사를 남기거나 겹치는 부분 없이 모두 사용하여 원을 한 개 만들었습니다. 원의 지름은 몇 cm인가요? (원주율: 3.14) **(5점)**

 풀이

답 ....

3 넓이가 서로 다른 원 모양의 쟁반이 있습니다. 넓이가 좁은 쟁반부터 차례대로 기호를 쓰세요. (원주율: 3.1) **(6점)**

> ㉠ 반지름이 11 cm인 쟁반
> ㉡ 지름이 14 cm인 쟁반
> ㉢ 넓이가 310 cm^2인 쟁반

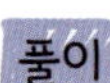 풀이

답 ....

4 원 모양의 케이크 둘레에 4 cm 간격으로 체리를 장식하려고 합니다. 케이크의 반지름이 12 cm일 때 체리는 모두 몇 개 필요한지 구하세요. (원주율: 3) (단, 체리의 크기는 생각하지 않습니다.) **(6점)**

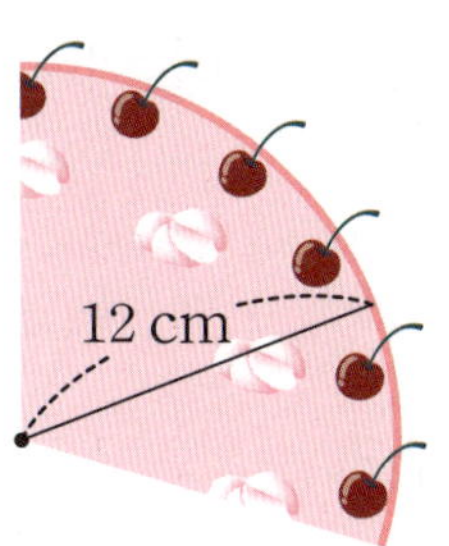

풀이

답 

5 한 변의 길이가 40 cm인 정사각형 안에 들어갈 수 있는 가장 큰 원의 넓이는 몇 cm^2인지 구하세요. (원주율: 3.1) **(7점)**

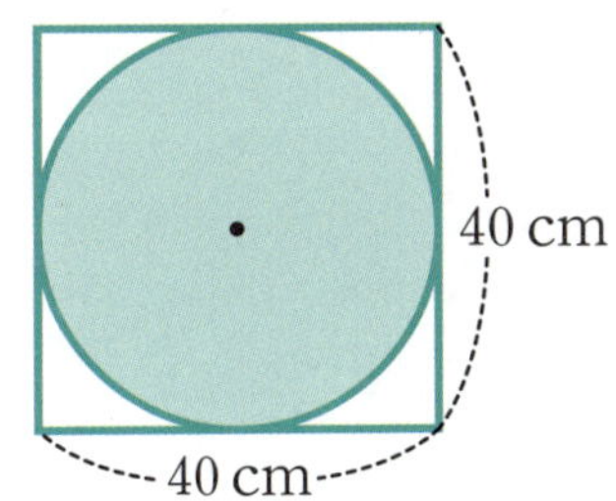

풀이

답 

6 넓이가 243 cm^2인 원의 원주는 몇 cm인지 구하세요. (원주율: 3) **(7점)**

풀이

답 

7 소율이네 학교 운동장은 다음과 같습니다. 운동장의 넓이는 몇 m²인가요?

(원주율: 3.14) **(8점)**

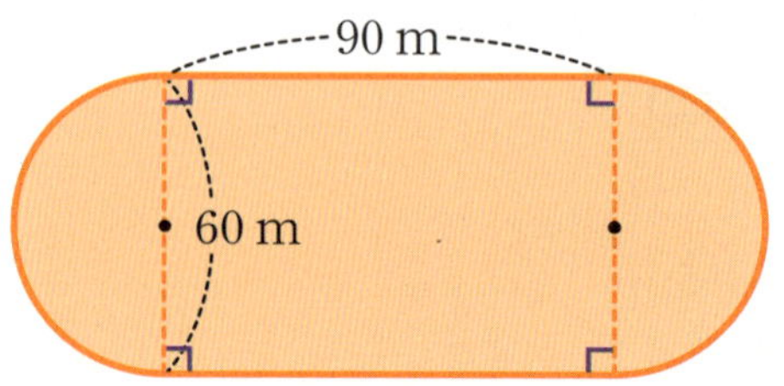

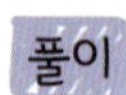 풀이

답 ⋯⋯⋯⋯⋯⋯⋯⋯⋯⋯⋯⋯⋯⋯⋯⋯⋯⋯

8 오른쪽 그림에서 색칠한 부분의 둘레와 넓이를 각각 구하세요. (원주율: 3) **(8점)**

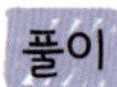 풀이

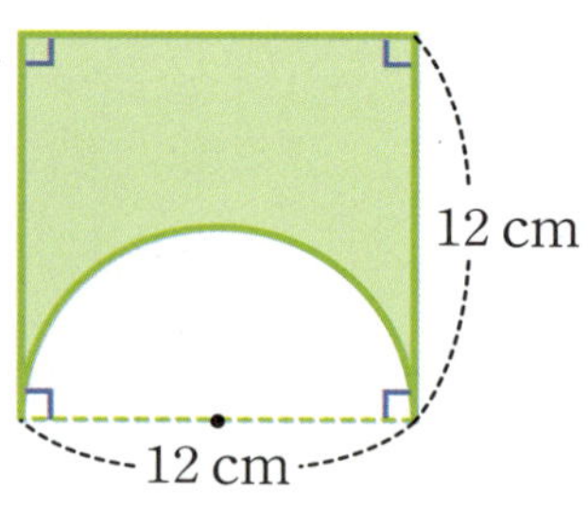

답 둘레 : ________________ , 넓이 : ________________

내 방은 너무 지저분해!

그림 조각을 찾아 그림을 완성해 주세요.

우리 엄마가 내 방은 돼지우리래요.
돼지는 한 마리도 없는데 말이죠!
자세히 보면 보물 창고 같지 않나요?

▶ 쉬어가기 정답은 128쪽에 있습니다.

6 원기둥, 원뿔, 구

교재 날짜	공부할 내용	공부한 날짜	스스로 평가		
26일	개념 확인하기	/	☺	☺	☹
27일	원기둥, 원뿔, 구	/	☺	☺	☹
28일	원기둥의 전개도	/	☺	☺	☹
29일	문장제 서술형 평가	/	☺	☺	☹

원기둥, 원뿔, 구의 개념을 익혀서 공간 지각 능력을 키워요.

1학기 때 각기둥과 각뿔에 대해 공부했어요.
이 단원에서는 원기둥, 원뿔, 구의 개념과 그 구성 요소에 대해 알아보고,
원기둥의 전개도는 어떻게 생겼는지, 전개도에서 각 부분의 길이는
원기둥의 어느 부분과 같은지 배워볼 거예요.
이 단원은 중학교에서 배울 회전체와 입체도형의 겉넓이와 부피 학습의 토대가 되므로
마지막 단원이어도 꼼꼼하게 공부해야겠죠?

개념 확인하기

1 입체도형을 보고 물음에 답하세요.

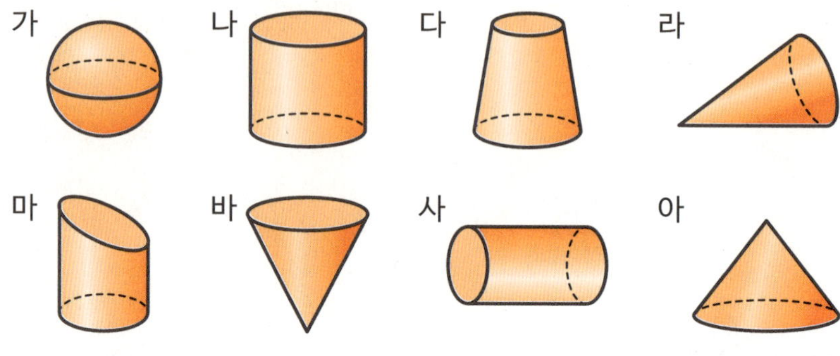

(1) 원기둥을 모두 찾아 기호를 쓰세요. ....

(2) 원뿔을 모두 찾아 기호를 쓰세요. ....

(3) 구를 찾아 기호를 쓰세요. ....

2 입체도형을 보고 ☐ 안에 각 부분의 이름을 써넣으세요.

3 입체도형을 보고 표를 완성하세요.

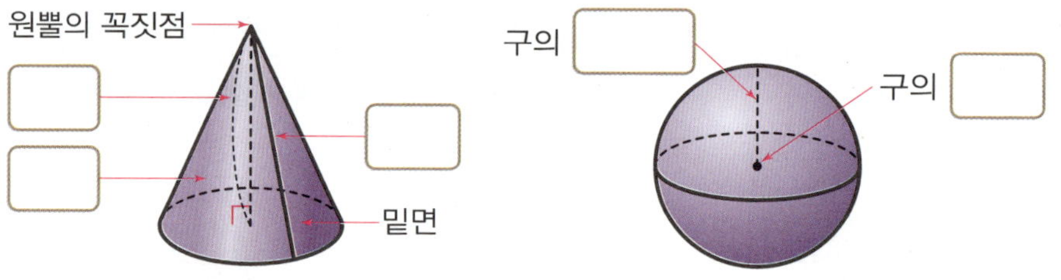

입체도형	 ← 옆	← 옆
밑면의 모양		사각형
밑면의 수(개)		
옆에서 본 모양	직사각형	
옆면의 수(개)		4

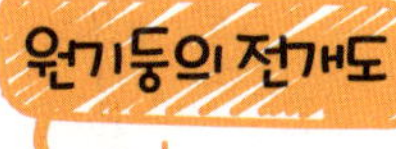

4 원기둥의 전개도를 찾아 ○표 하세요.

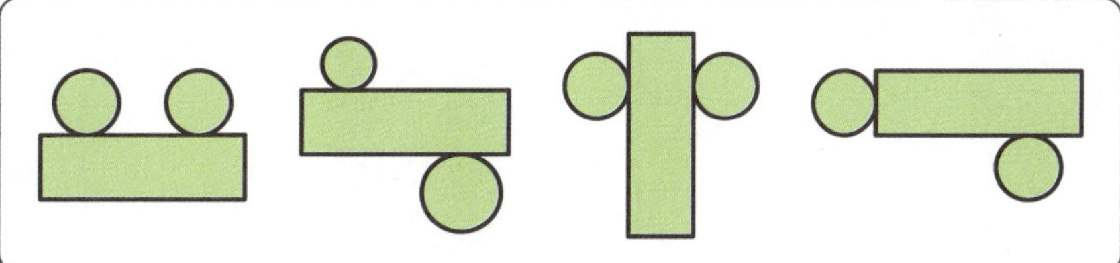

5 원기둥과 원기둥의 전개도를 보고 밑면의 둘레와 길이가 같은 선분을
전개도에 파란색으로, 원기둥의 높이와 길이가 같은 선분을 전개도에
빨간색으로 표시하세요.

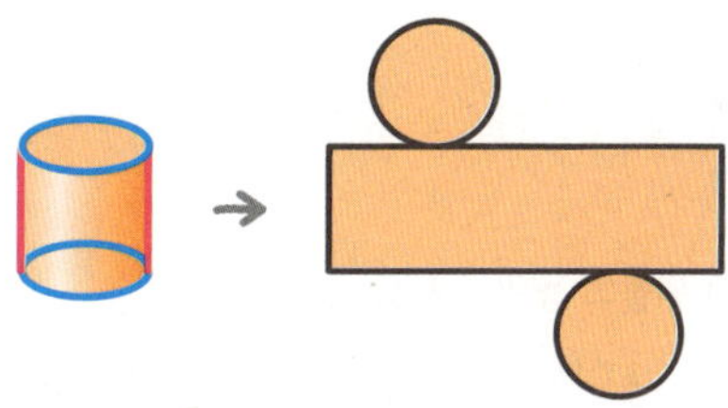

6 원뿔을 위, 앞, 옆에서 본 모양을 각각 그리세요.

입체도형	위에서 본 모양	앞에서 본 모양	옆에서 본 모양
위 옆 앞			

7 구의 반지름을 구하세요.

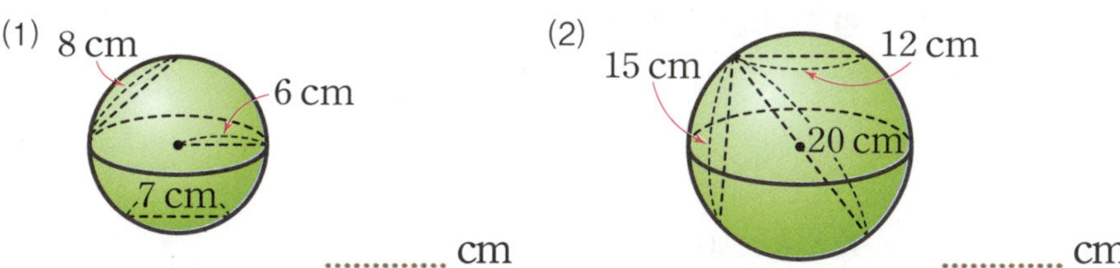

.... cm   .... cm

원기둥, 원뿔, 구

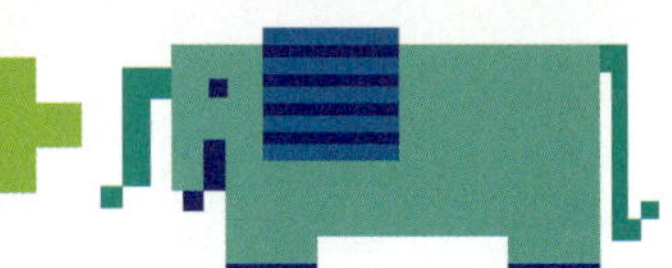

1

원기둥과 원뿔의 높이의 차는 몇 cm인지 구하세요.

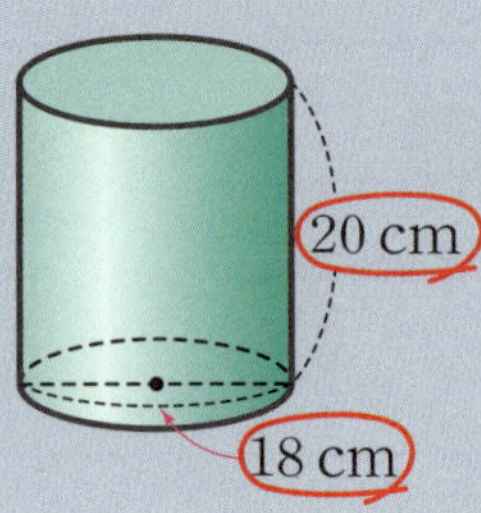

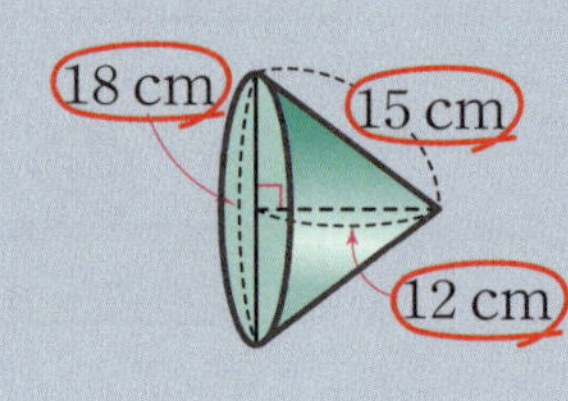

문제읽고

❶ 구하는 것에 밑줄 치고, 주어진 것에 ◯표 하세요.

❷ 원기둥과 원뿔을 보고 ☐ 안에 각 부분의 이름을 써넣으세요.

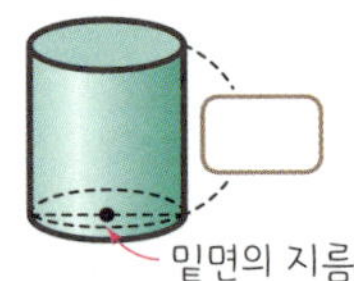

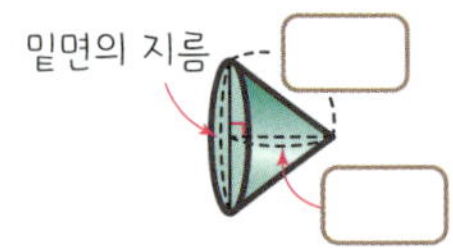

밑면의 지름

풀이쓰고

❸ 원기둥과 원뿔의 높이의 차를 구하세요.

원기둥의 높이는 .... cm, 원뿔의 높이는 .... cm이므로

원기둥과 원뿔의 높이의 차는 .... (+ , −) .... = ... (cm)입니다.

❹ 답을 쓰세요.   원기둥과 원뿔의 높이의 차는 .... 입니다.

2

구 가와 나의 반지름의 합은 몇 cm인지 구하세요.

가　　　　　　　　　나

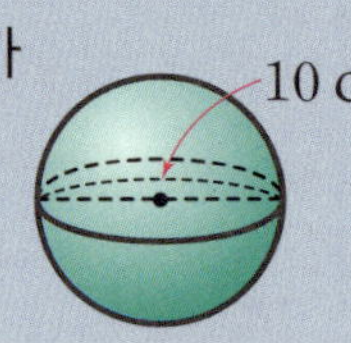

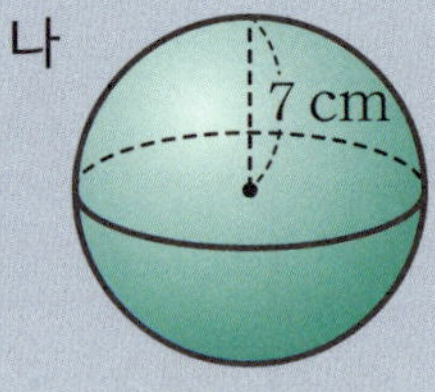

문제읽고

❶ 구하는 것에 밑줄 치고, 주어진 것에 ◯표 하세요.

풀이쓰고

❷ 구 가와 나의 반지름의 합을 구하세요.

(가의 반지름) = 10 (× , ÷) 2 = ... (cm), (나의 반지름) = ... cm이므로

구 가와 나의 반지름의 합은 .... (+ , −) .... = ... (cm)입니다.

❸ 답을 쓰세요.   구 가와 나의 반지름의 합은 .... 입니다.

대표문제 3

오른쪽 입체도형은 직각삼각형 모양의 종이를 돌려 만든 원뿔입니다.
돌리기 전의 직각삼각형 모양의 종이 넓이는
몇 cm^2인지 구하세요.

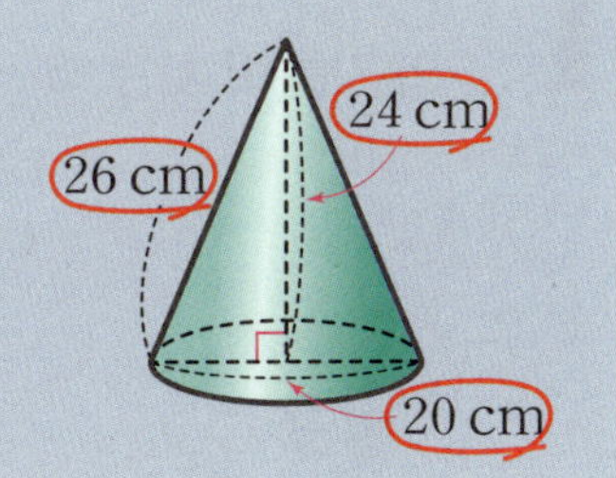

문제읽고

❶ 구하는 것에 밑줄 치고, 주어진 것에 ○표 하세요.
❷ 돌리기 전의 직각삼각형을 나타내세요. ●

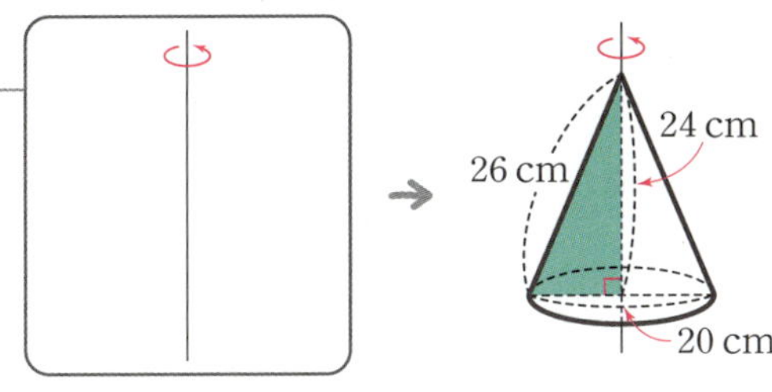

풀이쓰고

❸ 돌리기 전의 직각삼각형 모양의 종이 넓이를 구하세요.

돌리기 전의 직각삼각형 모양의 종이는

밑변의 길이가 ＿＿＿＿ cm, 높이가 ＿＿＿＿ cm이고,

높이를 기준으로 이 종이를 돌려 원뿔을 만든 것입니다.

➡ (넓이) = ＿＿＿＿＿＿＿＿＿＿＿＿ = ＿＿＿＿ (cm^2)

❹ 답을 쓰세요.   돌리기 전의 직각삼각형 모양의 종이 넓이는 ＿＿＿＿＿＿＿입니다.

한번 더 OK 4

오른쪽 입체도형은 반원 모양의 종이를 돌려 만든 구입니다.
돌리기 전의 반원 모양의 종이 넓이는
몇 cm^2인지 구하세요. (원주율: 3.14)

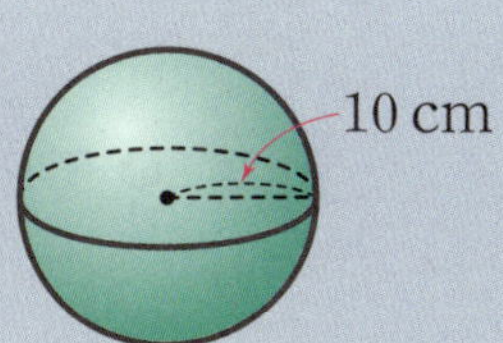

문제읽고

❶ 구하는 것에 밑줄 치고, 주어진 것에 ○표 하세요.
❷ 돌리기 전의 반원을 나타내세요. ●

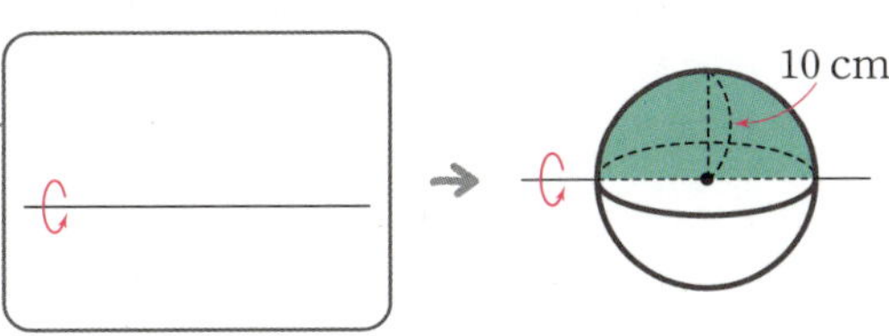

풀이쓰고

❸ 돌리기 전의 반원 모양의 종이 넓이를 구하세요.

돌리기 전의 반원 모양의 종이는 지름이 ＿＿＿＿ cm이고,

지름을 기준으로 이 종이를 돌려 구를 만든 것입니다.

➡ (넓이) = ＿＿＿＿＿＿＿＿＿＿＿＿ = ＿＿＿＿ (cm^2)

❹ 답을 쓰세요.   돌리기 전의 반원 모양의 종이 넓이는 ＿＿＿＿＿＿＿입니다.

1 오른쪽 원뿔에서 모선의 길이와 밑면의 지름의 차는 몇 cm인지 구하세요.

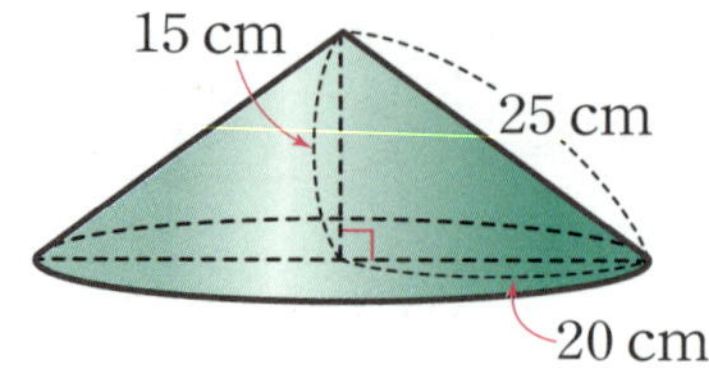

문제읽기 CHECK

☐ 구하는 것에 밑줄, 주어진 것에 ○표!

☐ 원뿔에서 각 부분의 이름을 써넣으면?

밑면의 ☐

풀이

(모선의 길이) = ... cm,

(밑면의 지름) = (밑면의 반지름) (× , ÷) 2

= .... = ... (cm)

→ (모선의 길이와 밑면의 지름의 차)

= .... = ... (cm)

답 ....

---

2 오른쪽 입체도형은 한 변을 기준으로 직사각형 모양의 종이를 돌려 만든 원기둥입니다. 돌리기 전의 직사각형 모양의 종이 넓이는 몇 cm^2인지 구하세요.

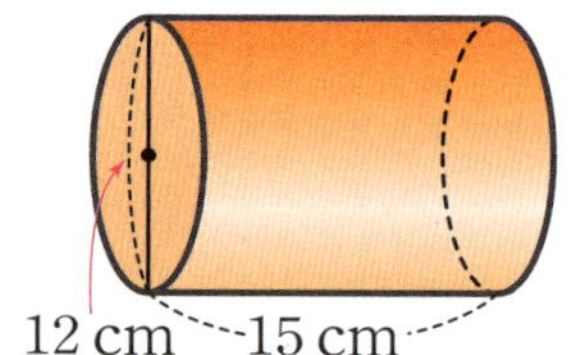

문제읽기 CHECK

☐ 구하는 것에 밑줄, 주어진 것에 ○표!

☐ 원기둥의 밑면의 지름은?

.... cm

☐ 원기둥의 높이는?

.... cm

풀이

❶ 돌리기 전의 직사각형을 나타내세요.

❷ ❶에서 나타낸 직사각형의 넓이를 구하세요.

답 ....

3 오른쪽 그림의 변 ㄴㄷ을 기준으로 직각삼각형 ㄱㄴㄷ을 돌려 입체도형을 만들었습니다. 만든 입체도형의 밑면의 둘레는 몇 cm인지 구하세요. (원주율: 3)

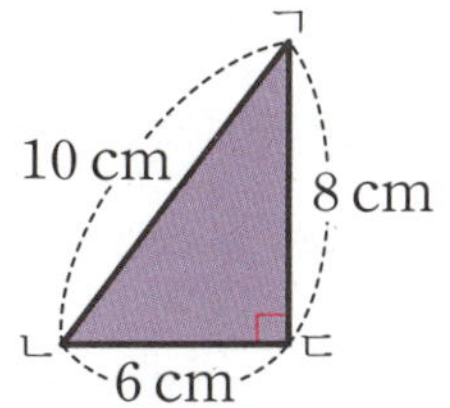

풀이 ❶ 변 ㄴㄷ을 기준으로 직각삼각형 ㄱㄴㄷ을 돌리면 어떤 도형이 만들어지나요?

밑면의 반지름이 (6 cm , 8 cm)이고

높이가 (8 cm , 6 cm)인 원뿔이 만들어집니다.

❷ 만든 입체도형의 밑면의 둘레를 구하세요.

답 ....

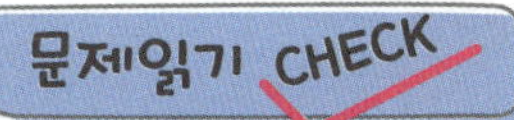

☐ 구하는 것에 밑줄, 주어진 것에 ○표!

☐ 변 ㄴㄷ을 기준으로 직각삼각형 ㄱㄴㄷ을 돌려 만든 입체도형은?

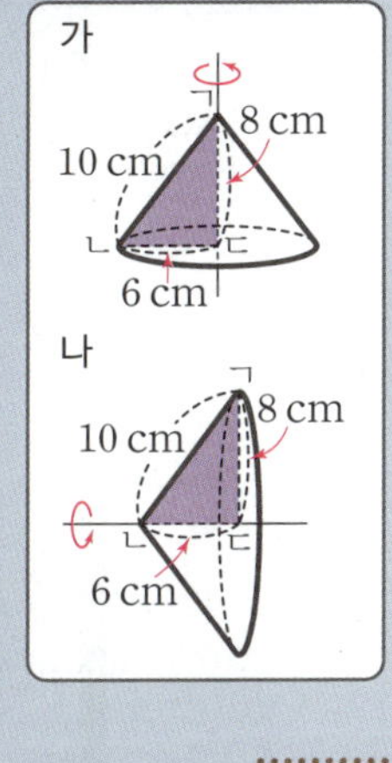

☐ 원주율은?

4 오른쪽 원기둥을 앞에서 본 모양의 둘레가 46 cm일 때 밑면의 반지름은 몇 cm인지 구하세요.

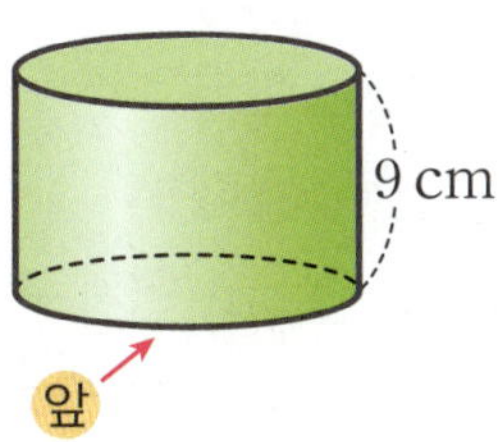

풀이 ❶ 원기둥을 앞에서 본 모양은 어떤 도형인가요?

가로는 (**밑면의 지름** , **높이**)와 길이가 같고,

세로는 높이와 길이가 같은 직사각형입니다.

❷ 원기둥의 밑면의 반지름을 구하세요.

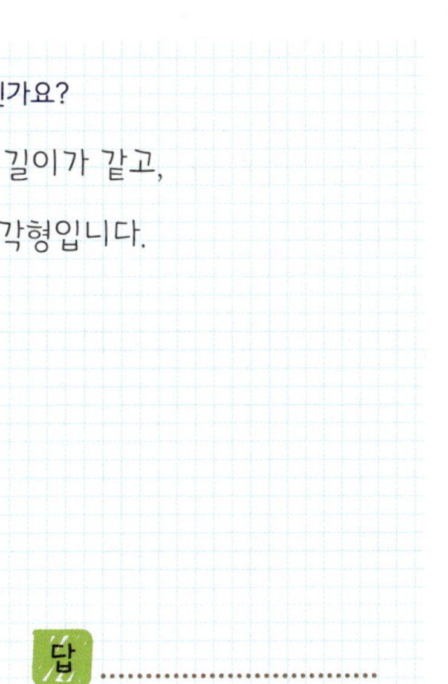

☐ 구하는 것에 밑줄, 주어진 것에 ○표!

☐ 원기둥을 앞에서 본 모양의 둘레는?

.... cm

☐ 원기둥의 높이는?

.... cm

답 ....

원기둥의 전개도

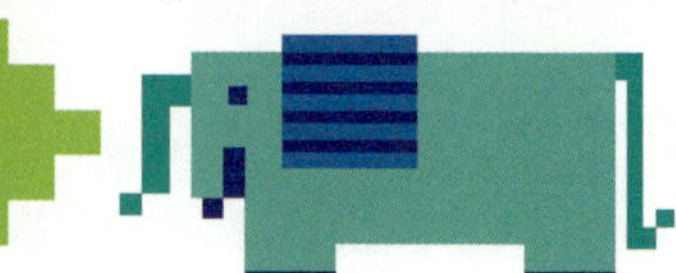

1

오른쪽 원기둥의 전개도에서
옆면의 가로는 몇 cm인지 구하세요. (원주율: 3.14)

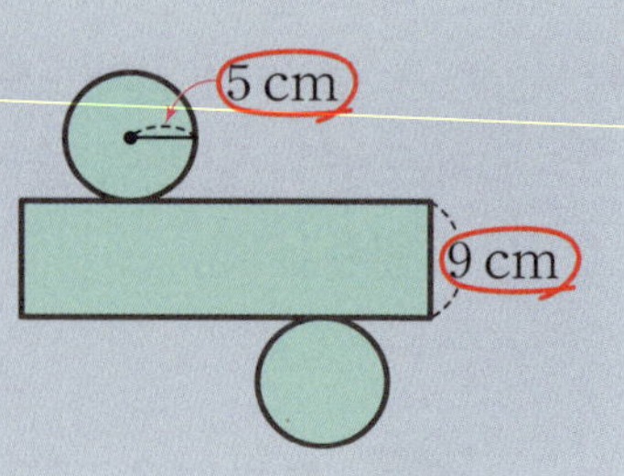

문제읽고

❶ 무엇을 구하는 문제인가요? 구하는 것에 밑줄 치세요.
❷ 주어진 것은 무엇인가요? ○표 하고 답하세요.

(밑면의 반지름) = ... cm, (옆면의 세로) = ... cm, (원주율) = ...

풀이쓰고

❸ 원기둥의 전개도에서 옆면의 가로를 구하세요.

(옆면의 가로)

= (밑면의 ....)

= (밑면의 반지름) (× , ÷) 2 (× , ÷) (원주율)

= .... = ... (cm)

❹ 답을 쓰세요.　옆면의 가로는 .... 입니다.

2

오른쪽 원기둥을 펼쳐
전개도를 만들었을 때
옆면의 넓이는 몇 cm²인지 구하세요.
(원주율: 3.1)

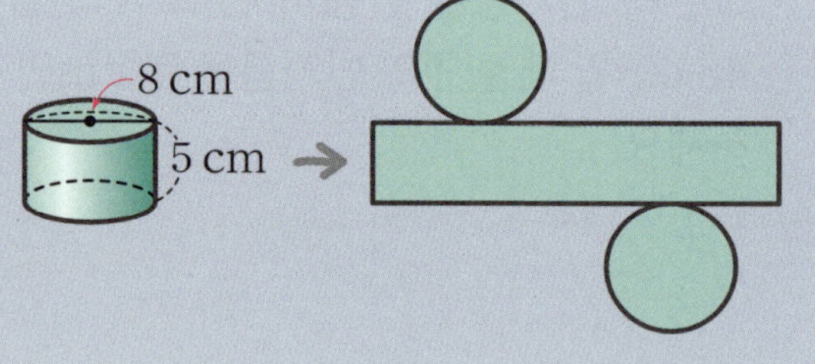

문제읽고

❶ 무엇을 구하는 문제인가요? 구하는 것에 밑줄 치세요.
❷ 주어진 것은 무엇인가요? ○표 하고 답하세요.

(밑면의 지름) = ... cm, (높이) = ... cm, (원주율) = ...

풀이쓰고

❸ 원기둥을 펼쳐 전개도를 만들었을 때 옆면의 넓이를 구하세요.

(옆면의 가로) = (밑면의 둘레) = ... = ... (cm)

(옆면의 세로) = (...............) = 5 cm

➜ (옆면의 넓이) = (가로) (× , ÷) (세로)

= .... = ... (cm²)

❹ 답을 쓰세요.　옆면의 넓이는 .... 입니다.

3

오른쪽 원기둥의 전개도에서
밑면의 반지름은 몇 cm인지 구하세요.
(원주율: 3.1)

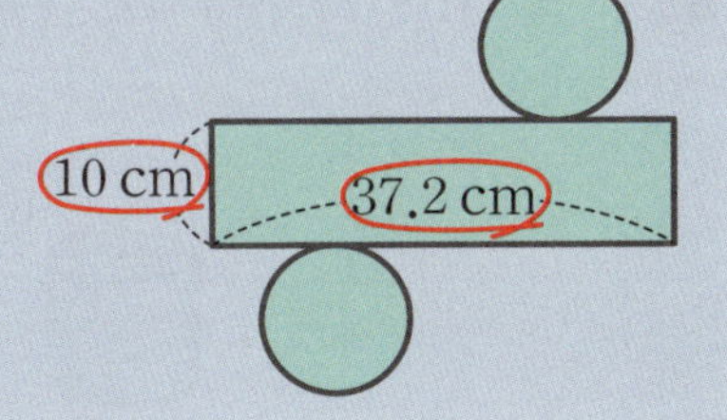

문제읽고

❶ 무엇을 구하는 문제인가요? 구하는 것에 밑줄 치세요.
❷ 주어진 것은 무엇인가요? ○표 하고 답하세요.

(옆면의 가로) = ... cm, (옆면의 세로) = ... cm, (원주율) = ...

풀이쓰고

❸ 밑면의 반지름을 □ cm라고 하여 식을 만들고, □를 구하세요.

밑면의 둘레는 옆면의 가로와 길이가 같습니다.

→ **식** □ × 2 × 3.1 = ...

→ **계산** □ × 6.2 = ... , □ = ... = ...

❹ 답을 쓰세요.   밑면의 반지름은 .... 입니다.

4

오른쪽 원기둥의 전개도에서
옆면의 넓이가 192 cm^{2}일 때
밑면의 지름은 몇 cm인지 구하세요. (원주율: 3)

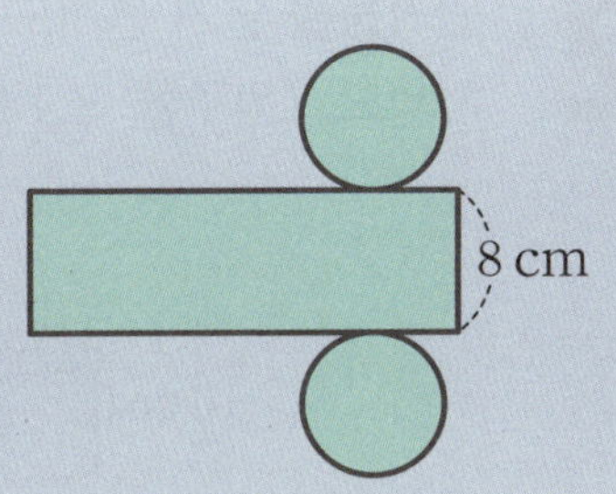

문제읽고

❶ 무엇을 구하는 문제인가요? 구하는 것에 밑줄 치세요.
❷ 주어진 것은 무엇인가요? ○표 하고 답하세요.

(옆면의 넓이) = ... cm^2, (옆면의 세로) = ... cm, (원주율) = ...

풀이쓰고

❸ 옆면의 가로를 □ cm라고 하여 식을 만들고, □를 구하세요.

□ × 8 = ... → □ = ... = ...
(가로) × (세로) = (넓이)

❹ 밑면의 지름을 △ cm라고 하여 식을 만들고, △를 구하세요.

밑면의 둘레는 옆면의 가로와 길이가 같습니다.

→ **식** △ × 3 = ... → **계산** △ = ... = ...

❺ 답을 쓰세요.   밑면의 지름은 .... 입니다.

1 원기둥의 전개도에서 옆면의 넓이가 93 cm^{2}일 때 원기둥의 높이는 몇 cm인지 구하세요. (원주율: 3.1)

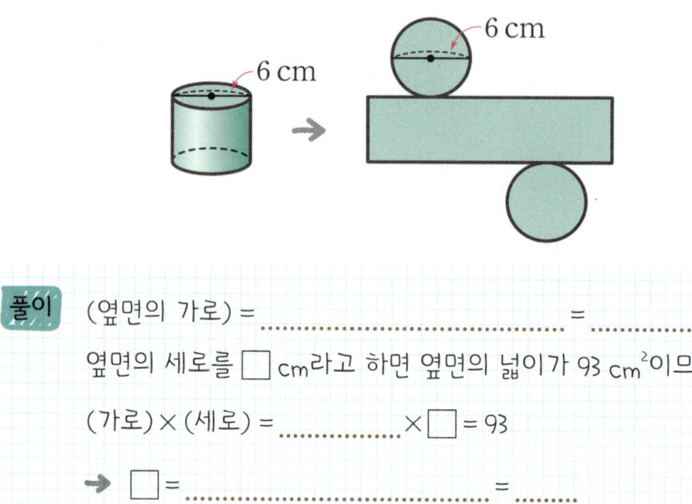

풀이

(옆면의 가로) = ... = ... (cm)

옆면의 세로를 ☐ cm라고 하면 옆면의 넓이가 93 cm^{2}이므로

(가로) × (세로) = ... × ☐ = 93

→ ☐ = ... = ...

따라서 (높이) = (옆면의 세로) = ... cm입니다.

답 ....

---

2 원기둥을 펼쳐 전개도를 만들었을 때 전개도의 둘레는 몇 cm인지 구하세요. (원주율: 3.14)

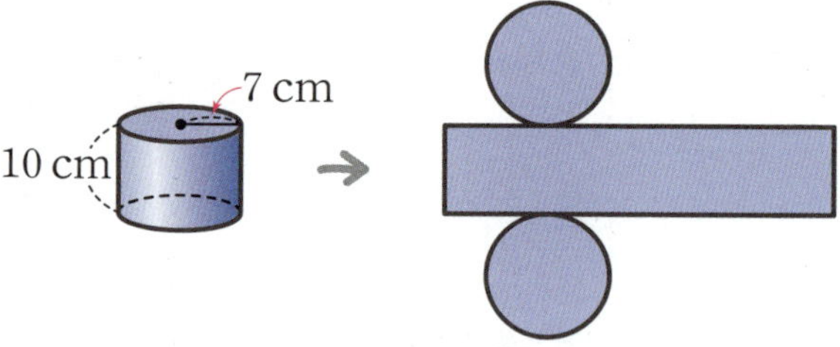

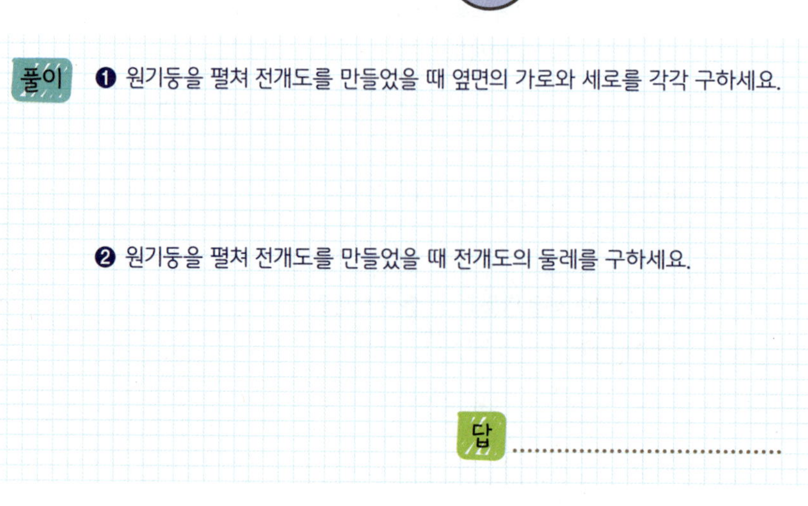

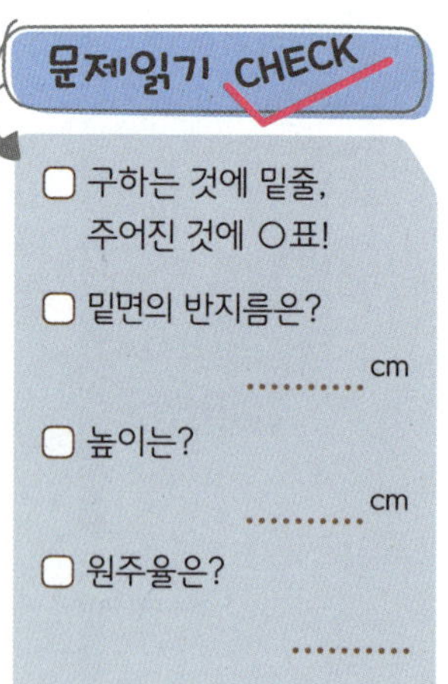

풀이

❶ 원기둥을 펼쳐 전개도를 만들었을 때 옆면의 가로와 세로를 각각 구하세요.

❷ 원기둥을 펼쳐 전개도를 만들었을 때 전개도의 둘레를 구하세요.

답 ....

3 원기둥의 전개도에서 옆면의 넓이가 1116 cm^{2}일 때 옆면의 둘레는 몇 cm인지 구하세요. (원주율: 3.1)

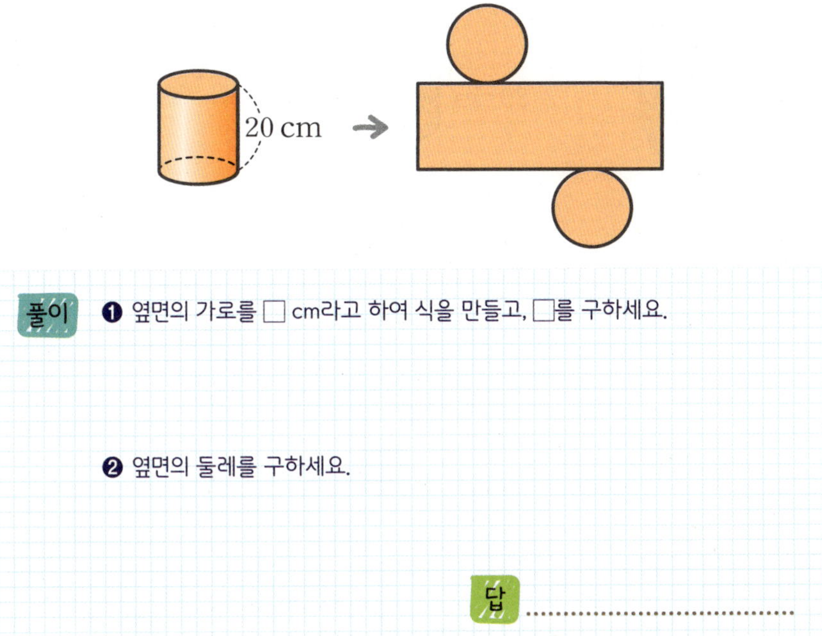

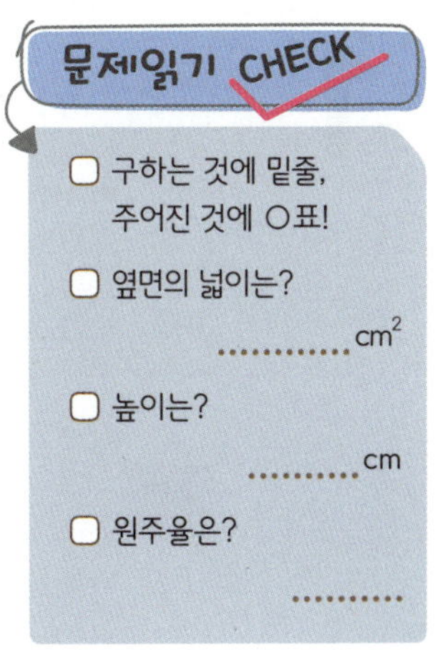

풀이 ❶ 옆면의 가로를 ▢ cm라고 하여 식을 만들고, ▢를 구하세요.

❷ 옆면의 둘레를 구하세요.

답 ....

도전!

4 한 변을 기준으로 직사각형 모양의 종이를 돌려 원기둥을 만들었습니다. 이 원기둥의 전개도에서 옆면의 넓이는 몇 cm^{2}인가요? (원주율: 3)

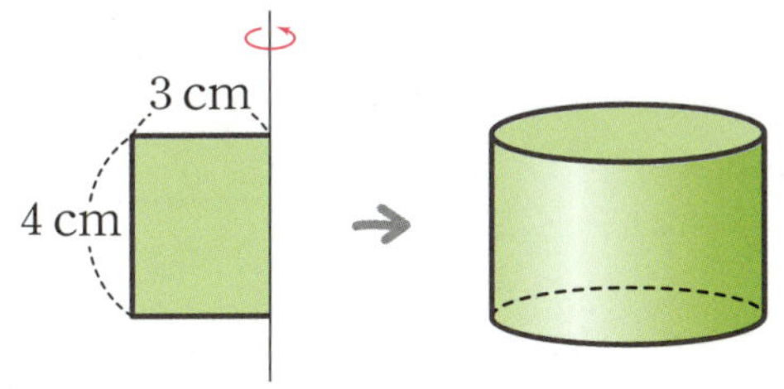

풀이 ❶ 원기둥의 전개도를 그리고, 옆면의 가로와 세로를 각각 구하세요.

1 cm
1 cm

❷ ❶에서 그린 원기둥의 전개도에서 옆면의 넓이를 구하세요.

답 ....

1 원뿔과 원기둥의 높이의 합은 몇 cm인지 구하세요. **(5점)**

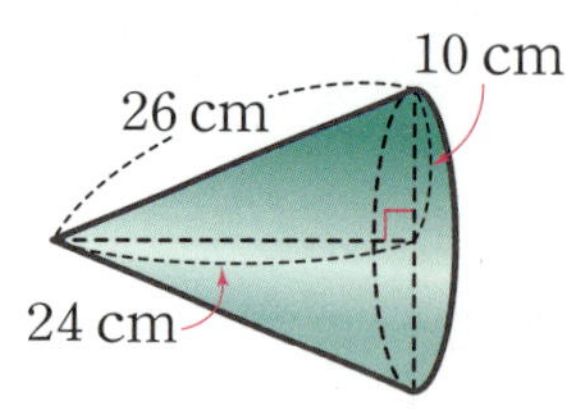

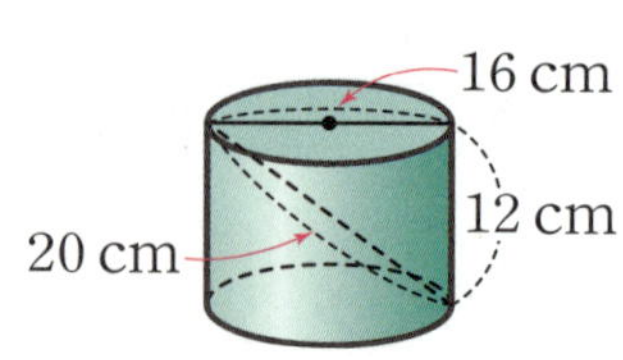

풀이

답 ....

2 오른쪽 구를 위에서 본 모양의 넓이는 몇 cm^2인지 구하세요. (원주율: 3.1) **(5점)**

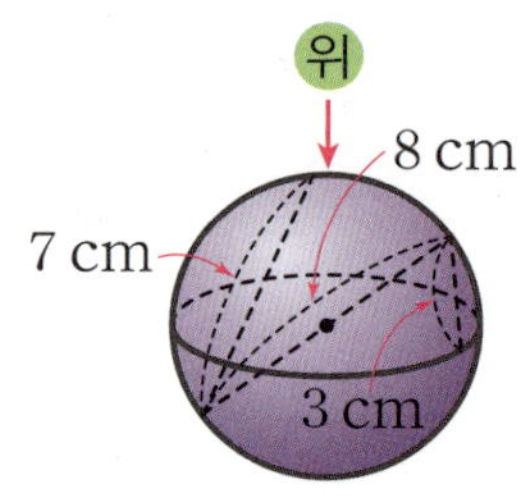

풀이

답 ....

3 오른쪽 그림이 원기둥의 전개도가 아닌 이유를 쓰세요. **(5점)**

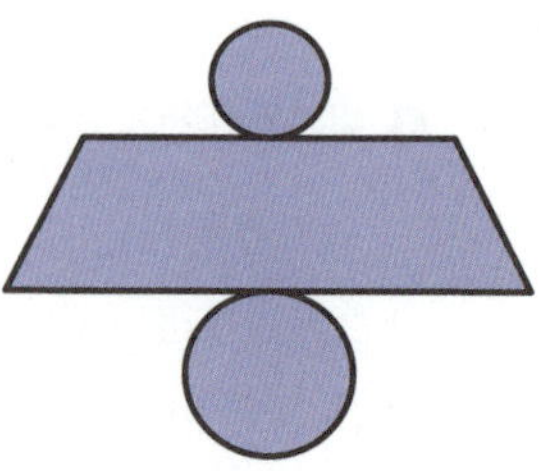

이유 ....

....

....

4 오른쪽 원기둥의 전개도에서 옆면의 둘레는 몇 cm인지 구하세요. (원주율: 3.1) **(6점)**

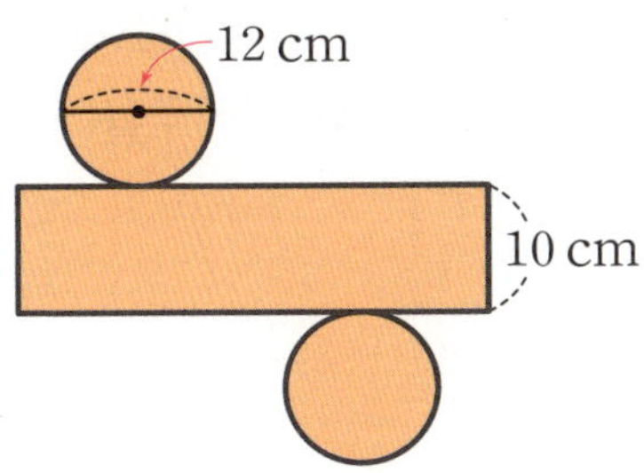

 풀이

답 ....

5 두 입체도형의 공통점과 차이점을 한 가지씩 쓰세요. **(6점)**

공통점 ....
....

차이점 ....
....

6 오른쪽 원기둥의 전개도에서 밑면의 반지름은 몇 cm인지 구하세요. (원주율: 3) **(7점)**

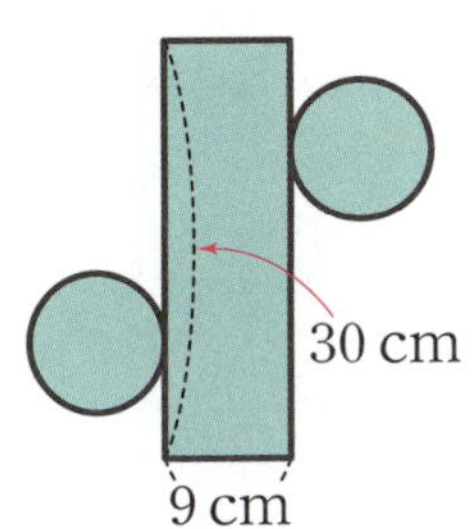

 풀이

답 ....

7 원기둥의 전개도에서 옆면의 둘레가 147.6 cm일 때 원기둥의 높이는 몇 cm인지 구하세요. (원주율: 3.14) **(8점)**

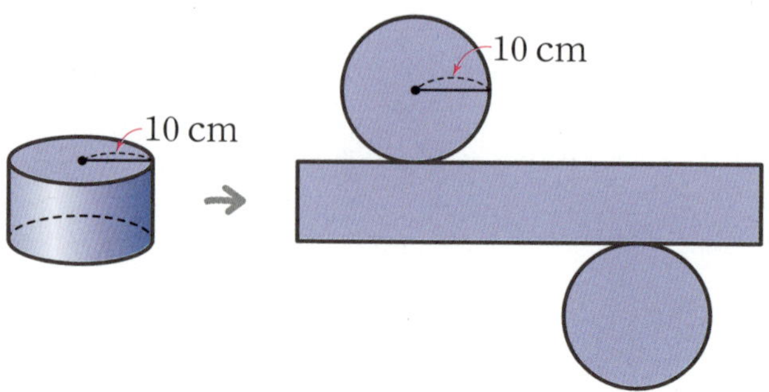

풀이

답 ··

8 한 변을 기준으로 직각삼각형 모양의 종이를 오른쪽과 같이 돌려 입체도형을 만들었습니다. 만든 입체도형을 앞에서 본 모양의 넓이는 몇 cm²인지 구하세요. **(8점)**

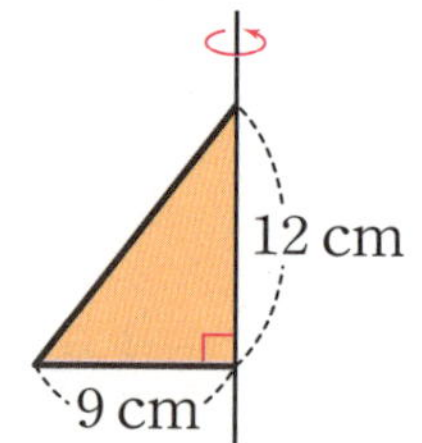

풀이

답 ··

숨은 물건 11개를 찾아 ○표 해 주세요.

가족들과 산에 놀러 왔어요.
오르막길도 걷고, 커다란 나무 앞에서 사진도 찍었어요.
저 멀리 계곡에서 낚시하는 친구들도 보이네요. 숲속은 언제나 싱그러워요!

문어, 물고기, 바나나, 버섯, 새, 신발, 아이스크림, 우산, 연필, 컵, 돼지

▶ 쉬어가기 정답은 128쪽에 있습니다.

쉬어가기 정답

35쪽

71쪽

1-ㄹ, 2-ㄴ, 3-ㄱ, 4-ㄷ

91쪽

2

111쪽

가-9, 나-4, 다-7, 라-10, 마-6

55쪽

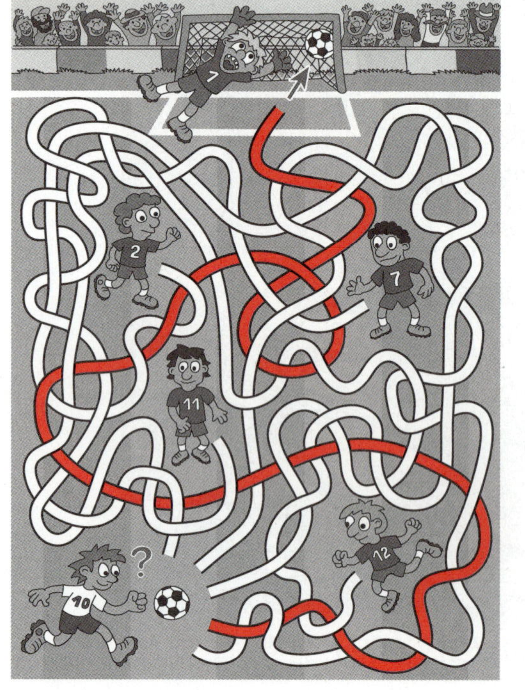

127쪽

본책의 정답과 풀이를 분실하셨나요?
길벗스쿨 홈페이지에 들어오시면
내려받으실 수 있습니다.
http://school.gilbut.co.kr/

기적의 수학 문장제!

정답 풀이

초등 6학년

12권

정답과 풀이

1 DAY 14~15쪽

1 2, 2

2 (1) 11, 3, $\dfrac{11}{3}$, $3\dfrac{2}{3}$　(2) 15, 2, $\dfrac{15}{2}$, $7\dfrac{1}{2}$

3 6

4 방법1　12, 35, 12, 35, $\dfrac{12}{35}$　　방법2　6, $\dfrac{12}{35}$

5 방법1　14, 42, 10 / 42, 10, $\dfrac{42}{10}$, 21 / 4, 1　　방법2　14 / 7, 5 / 3, 1 / 21 / 4, 1

6 (1) $2\dfrac{1}{3}$　(2) 14　(3) $1\dfrac{23}{32}$　(4) $5\dfrac{3}{4}$

7 $56 \div \dfrac{8}{9} = (56 \div 8) \times 9 = 63$

8 (1) $4\dfrac{1}{2}$　(2) 22

2 DAY 16~17쪽

1 ❷ $\dfrac{6}{17}$, $\dfrac{2}{17}$　　❸ ÷ / $\dfrac{6}{17} \div \dfrac{2}{17}$, 2, 3　　❹ 3명

2 ❷ $1\dfrac{1}{3}$, $\dfrac{3}{5}$　　❸ ÷ / $1\dfrac{1}{3} \div \dfrac{3}{5}$, $\dfrac{4}{3}$, $\dfrac{4}{3}$, $\dfrac{5}{3}$, $2\dfrac{2}{9}$　　❹ $2\dfrac{2}{9}$배

3 ❷ $2\dfrac{3}{4}$, $\dfrac{11}{20}$, 나눕니다　　❸ ÷ / $2\dfrac{3}{4} \div \dfrac{11}{20}$, $\dfrac{11}{4}$, $\dfrac{11}{4}$, $\dfrac{20}{11}$, 5　　❹ 5판

4 ❷ ÷ / $10 \div \dfrac{6}{7}$, 10, $\dfrac{7}{6}$, $11\dfrac{2}{3}$ / 11　　❸ 11개

18~19쪽

1 5달　CHECK　☐ 8　☐ $1\dfrac{3}{5}$

2 $1\dfrac{1}{5}$배　CHECK　☐ $\dfrac{1}{4}$　☐ $\dfrac{3}{10}$

3 7개　CHECK　☐ $\dfrac{4}{9}$　☐ $3\dfrac{1}{2}$

4 6번　CHECK　☐ $1\dfrac{4}{5}$　☐ $\dfrac{7}{20}$

※ 분수의 나눗셈의 계산 결과를 기약분수나 대분수로 나타내지 않아도 정답으로 인정하지만,
가능한 기약분수로 나타내고, 계산 결과가 1보다 큰 경우에는 대분수로 나타내도록 합니다.

20~21쪽

1 ❷ $\frac{7}{10}$ m ❸ ÷ / $1\frac{9}{10} \div \frac{7}{10}$, 19, $2\frac{5}{7}$ ❹ $2\frac{5}{7}$ kg

2 ❷ $1\frac{1}{6}$ 시간 ❸ ÷ / $102\frac{2}{3} \div 1\frac{1}{6}$, $\frac{\overset{44}{308}}{3}$, $\frac{7}{6}$, $\frac{\overset{44}{308}}{\underset{1}{3}} \times \frac{\overset{2}{6}}{\underset{1}{7}}$ / 88

  ❹ 88 km

3 ❷ $\frac{3}{4}$ m ❸ ÷ / $9 \div \frac{3}{4}$, 9, $\frac{4}{\underset{1}{3}}^{3}$, 12 ❹ 12개

4 ❷ $\frac{2}{9}$ kg ❸ ÷ / $1500 \div \frac{2}{9}$, $\overset{750}{1500}$, $\frac{9}{\underset{1}{2}}$, 6750 ❹ 6750원

22~23쪽

1 $2\frac{1}{7}$ kg CHECK □ $1\frac{2}{7}$ □ $\frac{3}{5}$ □ m

2 49 km CHECK □ $5\frac{3}{5}$ □ L

3 동재 CHECK □ $\frac{1}{20}$, $\frac{5}{6}$ □ $\frac{1}{42}$, $\frac{3}{8}$ □ km

4 $3\frac{1}{2}$ m² CHECK □ $1\frac{3}{8}$, 2 □ $\frac{11}{14}$ □ L

24~25쪽

1 ❷ ▲ ❸ $6\frac{5}{6} \div \frac{5}{8}$, $10\frac{14}{15}$ ❹ 56, 56 ❺ 10분 56초

2 ❷ $\frac{\bullet}{60}$ ❸ 40, 2 / $155\frac{5}{9} \div 1\frac{2}{3}$, $\frac{280}{3}$ / $\frac{280}{\underset{1}{3}} \times \overset{1}{3}$, 280 ❹ 280 km

3 ❷ 2, $\frac{3}{4}$, $\frac{5}{16}$ ❸ —, $\frac{3}{4}$, $\frac{5}{4}$ / $\frac{5}{4} \div \frac{5}{16}$, 4 ❹ 4개

4 ❷ $\frac{8}{9}$, 3, $\frac{4}{27}$ ❸ $\frac{8}{\underset{3}{9}}$, ×, $\frac{8}{3}$ / $\frac{8}{3} \div \frac{4}{27}$, 18 ❹ 18도막

26~27쪽

1 8바퀴 CHECK □ 15 □ $\frac{\bullet}{60}$

2 6일 CHECK □ 20 □ 6 □ $\frac{5}{9}$

3 33개 CHECK □ $\frac{9}{11}$ □ $5\frac{2}{5}$ □ 5

4 $1\frac{2}{5}$ cm CHECK □ 10 □ 3, 30 □ $5\frac{1}{10}$ □ $\frac{\blacksquare}{60}$

5 DAY

1 ❷ $\dfrac{1}{2}$, $\dfrac{5}{7}$ / $\dfrac{5}{7} \div \dfrac{1}{2}$, $1\dfrac{3}{7}$　　❸ $1\dfrac{3}{7}$

2 ❷ $2\dfrac{1}{3}$, $1\dfrac{2}{5}$　　❸ $1\dfrac{2}{5}$, $2\dfrac{1}{3}$ / $2\dfrac{1}{3} \div 1\dfrac{2}{5}$, $1\dfrac{2}{3}$　　❹ $1\dfrac{2}{3}$ cm

3 ❷ $\dfrac{3}{5}$, $\dfrac{5}{6}$　　❸ $\dfrac{3}{5}$, $\dfrac{5}{6}$ / $\dfrac{5}{6} \div \dfrac{3}{5}$, $1\dfrac{7}{18}$　　❹ $1\dfrac{7}{18}$ L

4 ❷ $\dfrac{6}{11}$, $\dfrac{4}{3}$ / $\dfrac{4}{3} \div \dfrac{6}{11}$, $\dfrac{22}{9}$　　❸ $\dfrac{22}{9}$, $\dfrac{\overset{11}{22}}{\underset{3}{9}}$, $\dfrac{\overset{1}{3}}{\underset{1}{2}}$, $3\dfrac{2}{3}$　　❹ $3\dfrac{2}{3}$

1 $9\dfrac{7}{12}$　　CHECK　□ $\dfrac{6}{23}$, $\dfrac{15}{23}$　□ $\dfrac{6}{23}$, 나눈다

2 $2\dfrac{2}{9}$ cm　　CHECK　□ $5\dfrac{7}{8}$　□ 3　□ $2\dfrac{1}{4}$

3 165쪽　　CHECK　□ $\dfrac{1}{3}$　□ 110

4 $4\dfrac{2}{3}$ m　　CHECK　□ $\dfrac{3}{4}$　□ $2\dfrac{5}{8}$

6 DAY

1 $1\dfrac{4}{45}$ 배　　**2** 5개　　**3** $7\dfrac{1}{2}$ m^2　　**4** ㉯ 가게

5 $2\dfrac{2}{3}$ cm　　**6** 16 cm　　**7** $\dfrac{4}{5}$　　**8** 6개

7 DAY

38~39쪽

1 방법1 168, 28 / 28   방법2 6 / 168, 6, 28

2 (1) 6 (2) 14 (3) 23.6 (4) 1.3   **3** (1) 5 (2) 4

4 (1) 3, 30, 300 (2) 42, 420, 4200

5 (1)
```
        1.2 8
    7 ) 9.0 0
        7
        2 0
        1 4
          6 0
          5 6
            4
```
(2) 1 (3) 1.3

6 (1) 3.6…… / 4
   (2) 0.928…… / 0.93

7 방법1 5, 5, 5, 2.3 / 5, 2.3   방법2
```
            5
    5 ) 2 7.3      / 5, 2.3
        2 5
          2.3
```

8 DAY

40~41쪽

1 ❷ 14.85, 1.35   ❸ ÷, 14.85÷1.35, 11   ❹ 11개

2 ❷ 가로   ❸ 24, ÷, 4.8, 5   ❹ 5 cm

3 ❷ 7.44, 0.6, 나눕니다   ❸ ÷, 7.44÷0.6, 12.4   ❹ 12.4 km

4 ❷ 42000, 67320   ❸ 42000÷3.5, 12000 / 67320÷6.12, 11000
   ❹ 12000, 11000, ㉯ 회사   ❺ ㉯ 회사

42~43쪽

1 1.3배   CHECK □ 1, 82 □ 1, 40

2 9개   CHECK □ 24.3 □ 2.7

3 15개   CHECK □ 3 □ 0.25

4 94 km   CHECK □ 1, 30 □ 141

9 DAY

44~45쪽

1 ❷ 2, 3, 4 / 5, 6, 7, 8, 9   ❸ 5÷3, 1, 6 / 6, 2   ❹ 2배

2 ❷ 40, 13   ❸ 40÷13, 3, 0, 7 / 7, 3.1   ❹ 3.1 kg

3 ❷ 2.4, 7   ❸ 2.4÷7, 0, 3, 4, 2 / 2, 0.34   ❹ 0.34 L

4 ❷ 0, 5, 4, 5, 4, 5, 4   ❸ 5, 4, 4   ❹ 4

46~47쪽

1 58 cm   CHECK □ 700

2 0.7 cm   CHECK □ 7, 4.8

3 7   CHECK □ 2, 5, 9

4 1.29배   CHECK □ 3 □ 24

<table>
<tr><td rowspan="2">**10**
DAY</td><td colspan="4"></td></tr>
</table>

10 DAY — 48~49쪽

1 ❷ 17.1, 3
  ❸ 17.1, 3,

$$3\,)\overline{\,1\;7.1\,}$$

/ 5, 2, 1
  ❹ 5일, 2.1 L

2 ❷ 5, 0.4
  ❸ 5, 0.4,

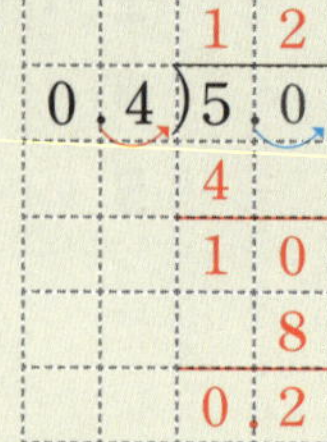

/ 12, 0.2, 0.2
  ❹ 0.2 kg

3 ❷ 2.5, 37.5 / 2.5, 37.5 / 37.5÷2.5, 15
  ❸ 나눕니다, 15÷2.5, 6   ❹ 6

4 ❷ 9, 2.4 / 9, 2.4 / 2.4×9, 21.6
  ❸ 나눕니다, 21.6÷7, 3, 0, 8 / 8, 3.1   ❹ 3.1

50~51쪽

1 3명   CHECK ☐ 3 ☐ 0.8
2 6개, 3.6 m   CHECK ☐ 4 ☐ 27.6
3 19.6   CHECK ☐ 4.2, 11.2 ☐ 2.4, 나눈다
4 1.37   CHECK ☐ 3.5, 16.8 ☐ 3.5, 나눈다 ☐ 셋째

---

11 DAY — 52~54쪽

1 12봉지   **2** 5 cm   **3** 4.3 km   **4** 4.3배
5 철근 ㉮   **6** 125   **7** 12개, 3.8 g   **8** 6

---

12 DAY — 58~59쪽

1

2 6, 1 / 7

3 앞 옆

4 (1) 위 (2) 8

5 2층 3층
↑앞 ↑앞

6 ( )( )(×)( )

13 DAY

60~61쪽

1 ❷ 1, 2 / 2+1+1+1+2, 7　　❸ 7개

2 ❷ 2, 3 / 앞 / 㟀 6+4+2, 12　　❸ 12개

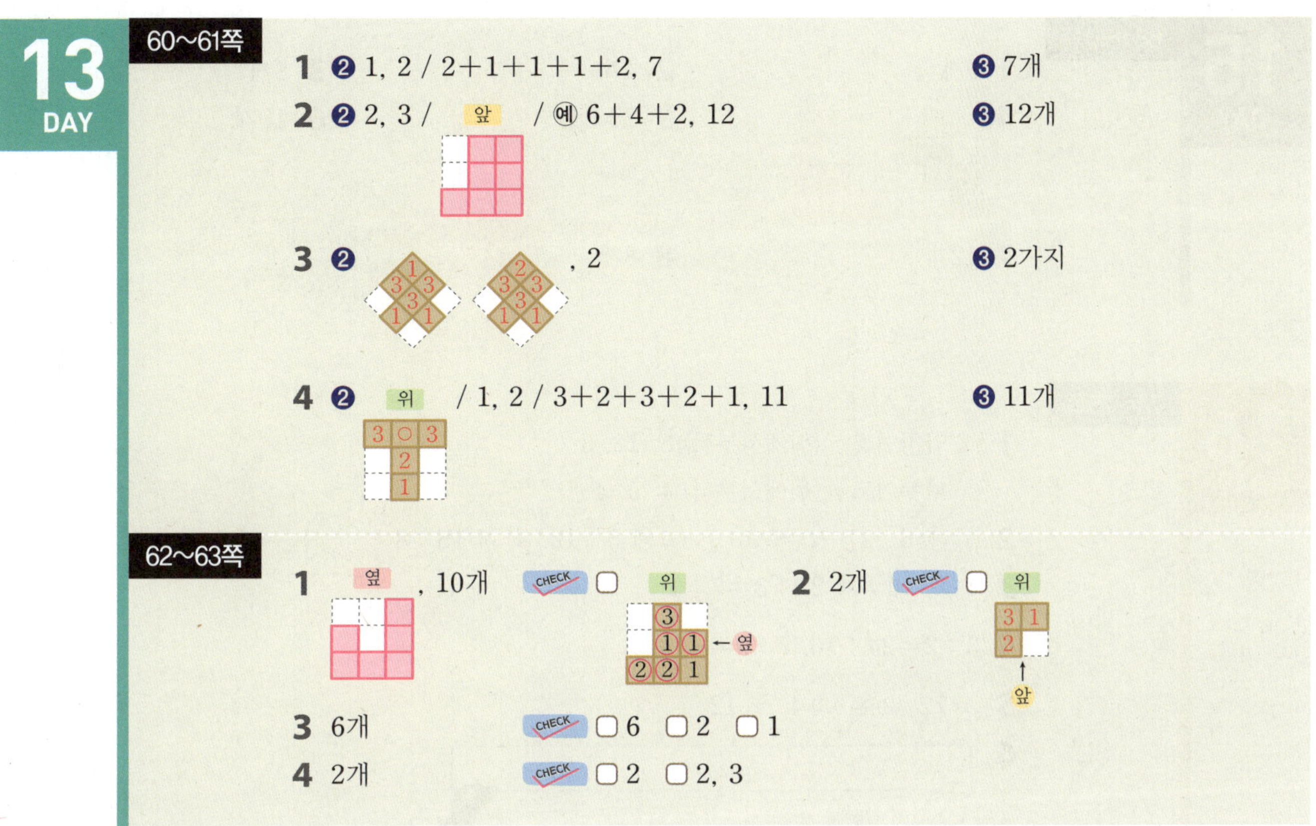

3 ❷ , 2　　❸ 2가지

4 ❷ 위 / 1, 2 / 3+2+3+2+1, 11　　❸ 11개

62~63쪽

1 옆 , 10개　CHECK ☐ 위 ← 옆　**2** 2개　CHECK ☐ 위 ↑ 앞

3 6개　CHECK ☐ 6 ☐ 2 ☐ 1

4 2개　CHECK ☐ 2 ☐ 2, 3

14 DAY

64~65쪽

1 ❷ 2, 2 / 옆 / 2+2, 4　　❸ 4개

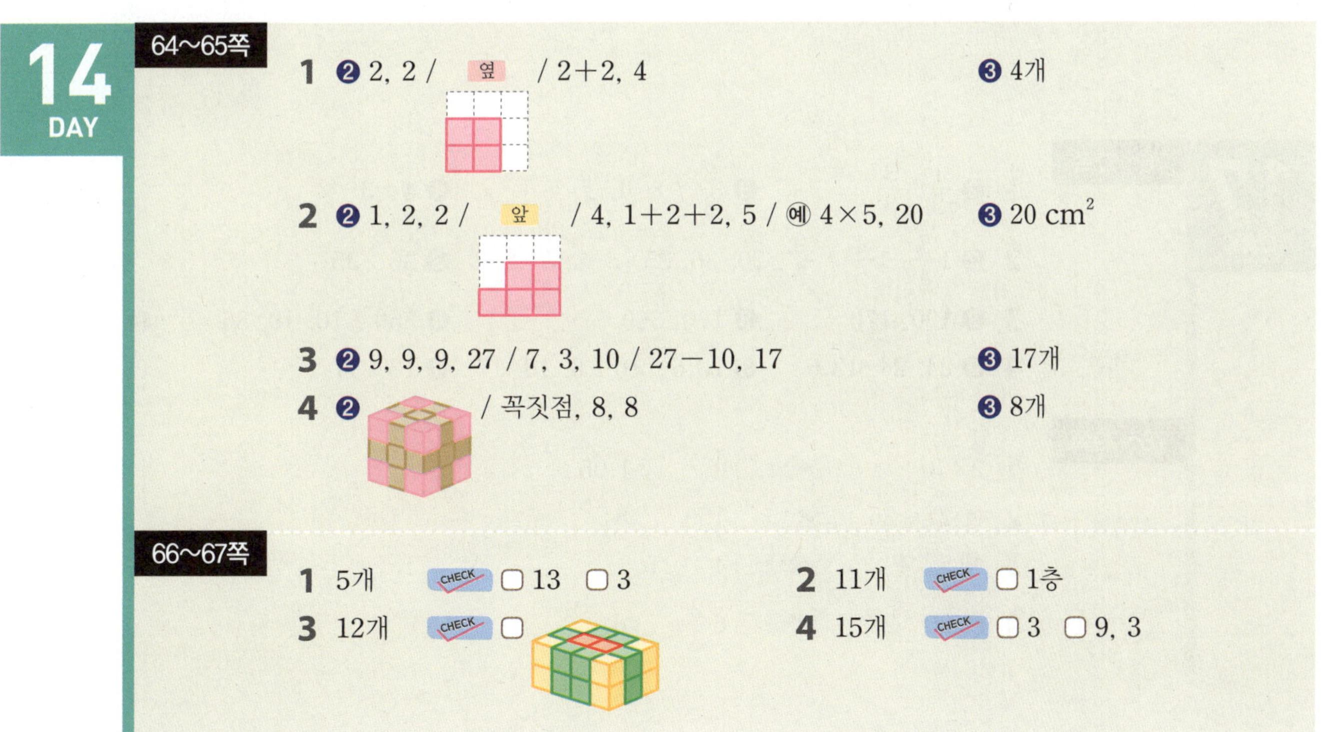

2 ❷ 1, 2, 2 / 앞 / 4, 1+2+2, 5 / 㟀 4×5, 20　　❸ 20 cm²

3 ❷ 9, 9, 9, 27 / 7, 3, 10 / 27−10, 17　　❸ 17개

4 ❷ / 꼭짓점, 8, 8　　❸ 8개

66~67쪽

1 5개　CHECK ☐ 13 ☐ 3　　**2** 11개　CHECK ☐ 1층

3 12개　CHECK ☐　　**4** 15개　CHECK ☐ 3 ☐ 9, 3

<table>
<tr><td>

15 DAY
68~70쪽

</td><td>

1 9개 **2** 4개 **3** 8개

4  ,  **5** 28 cm² **6** 19개

7 12개 **8** 8개

</td></tr>
</table>

<table>
<tr><td>

16 DAY
74~75쪽

</td><td>

1 (1) 곱하여도 / (위에서부터) 3, 12, 3

(2) 나누어도 / (위에서부터) 4, 5, 4

2 (1) 예 6 : 17 (2) 예 9 : 7 (3) 예 5 : 12 (4) 예 15 : 8

3 4, 8, 10 / 예 21 : 3＝7 : 1

4 $3 : 2＝24 : 16$, $7 : 9＝\dfrac{1}{9} : \dfrac{1}{7}$

5 (1) 72 (2) 8 (3) 4 (4) 12

6 ⃝⃝⃝⃝⃝⃝ ⃝⃝   6 개   2 개

7 2, 3, $\dfrac{2}{5}$, 6 / 2, 3, $\dfrac{3}{5}$, 9

</td></tr>
</table>

<table>
<tr><td>

17 DAY
76~77쪽

</td><td>

1 ❷ $\dfrac{1}{2}$, $\dfrac{3}{8}$ ❸ $\dfrac{3}{8}$ / 8, 4, 3   ❹ 4 : 3

2 ❷ $1\dfrac{3}{4}$, $1\dfrac{4}{5}$ / $\dfrac{9}{5}$, 20, 36, 35   ❸ 36 : 35

3 ❷ 190, 170   ❸ 170, 360   ❹ 360 / 10, 19, 36   ❺ 19 : 36

4 ❷ 24, 24, 13.6   ❸ 13.6 / 10 / 8, 13, 17   ❹ 13 : 17

</td></tr>
<tr><td>

78~79쪽

</td><td>

1 2 : 3   CHECK ☐ 0.7 ☐ 1.05

2 예 27 : 25   CHECK ☐ 156 ☐ 81

3 예 5 : 4   CHECK ☐ 4 ☐ 5

4 예 20 : 27   CHECK ☐ $6\dfrac{2}{3}$ ☐ 6

</td></tr>
</table>

18 DAY

80~81쪽

1 ❷ 5, 9   ❸ 45000 / 45000, 405000, 81000   ❹ 81000원

2 ❷ 21, 16   ❸ 24 / 24, 504, 31.5   ❹ 31.5 cm

3 ❷ 3, 14   ❸ 210 / 210, 630, 45   ❹ 45분

4 ❷ 4, 3 / 3, 4   ❸ 3, 4 / 예 $3×\square=4×15$, $3×\square=60$ / 20   ❹ 20바퀴

82~83쪽

1 32개   CHECK ☐ 8, 2500

2 132킬로칼로리   CHECK ☐ 100, 55

3 20명   CHECK ☐ 15 ☐ 3

4 2시간 42분   CHECK ☐ 1.8, 110

19 DAY

84~85쪽

1 ❷ 24, 3, 5   ❸ 3, $\frac{3}{8}$, 9 / 5, $\frac{5}{8}$, 15   ❹ 9자루, 15자루

2 ❷ 5005, 7, 4   ❸ 7, $\frac{7}{11}$, 3185 / 4, $\frac{4}{11}$, 1820   ❹ 3185 m², 1820 m²

3 ❷ 45, 5, 4   ❸ 5, $\frac{5}{9}$, 25 / 4, $\frac{4}{9}$, 20   ❹ 25개, 20개

4 ❷ 2, 3   ❸ 2, $\frac{2}{5}$, 8억 / 3, $\frac{3}{5}$, 12억 / 8억, 12억, ㉯ 회사 / 12억, 8억, 4억   ❹ ㉯ 회사, 4억 원

86~87쪽

1 120장, 15장   CHECK ☐ 8, 1 ☐ 135

2 2700 g, 3600 g   CHECK ☐ 6300 ☐ 3 ☐ 4

3 525 cm²   CHECK ☐ 1155 ☐ 25 ☐ 30

4 42 cm   CHECK ☐ 5, 2 ☐ 12

20 DAY

88~90쪽

1 예 7 : 5   **2** 250개   **3** 80장, 70장

4 예 3 : 2   **5** 예 $3 : 4 = 9 : 12$ **6** 48 m²

7 35 cm   **8** 예 4 : 3

1 (1) ○　(2) ×　(3) ○
2 (1) 3　(2) 3　(3) 3.1　(4) 3.14
3 (1) 10, 31.4　(2) 10, 2, 62.8
4 4 / 19.5÷3, 6.5 / 36÷3, 12
5 98, 196
6 (1) 9, 9, 251.1　(2) 10, 10, 310

1 ❷ 14, 3.1　　❸ ×, 14×3.1, 43.4　　❹ 43.4 cm
2 ❷ 10, 3.14　　❸ + / 10, +, 10 / 94.2　　❹ 94.2 cm
3 ❷ 150, 3　　❸ 원주 / ÷, 150÷3, 50　　❹ 50 cm
4 ❷ 24.8, 3.1　　❸ ÷, 24.8÷3.1÷2, 4　　❹ 4 cm

1 50.24 cm　CHECK　☐ 8　☐ 3.14
2 원 나, 3 cm　CHECK　☐ 12　☐ 45　☐ 3
3 40 cm　CHECK　☐ 124　☐ 정사각형　☐ 3.1
4 257 cm　CHECK　☐ 50　☐ 3.14

1 ❷ 10, 3.14　　❸ ×, ×, 10×10×3.14, 314　　❹ 314 cm^2
2 ❷ 60, 3.1　　❸ ÷, 60÷2, 30　　❹ ×, ×, 30×30×3.1, 2790
　　❺ 2790 m^2
3 ❷ 6, 6, 3 / 6, 3.1　　❸ 3×3×3.1, 6×6×3.1÷2, 83.7　　❹ 83.7 cm^2
4 ❷ 15×15×3−10×10×3, 375 / 10, 5, 10×10×3−5×5×3, 225
　　/ 375, 225, 150　　❸ 150 cm^2

1 243 cm^2　CHECK　☐ 9　☐ 3
2 310 cm^2　CHECK　☐ 20　☐ 3.1
3 16 cm^2　CHECK　☐ 8　☐ 3
4 12 cm　CHECK　☐ 446.4　☐ 3.1

24 DAY

104~105쪽

1 ❷ 7×3.1, 21.7   ❸ 5, 21.7×5, 108.5   ❹ 108.5 cm

2 ❷ $12 \times 12 \times 3$, 432   ❸ 1, 432, 1, 108 / 3, 432, 3, 324
❹ 108 cm², 324 cm²

3 ❷ 628   ❸ 628, 3.14 / 628, 3.14, 200
❹ 200, 100 / $100 \times 100 \times 3.14$, 31400   ❺ 31400 cm²

4 ❷ 4960, 3.1 / 4960, 3.1, 1600 / 40, 40, 40   ❸ 40, 248
❹ 248 cm

106~107쪽

1 2바퀴   CHECK   ☐ 60 ☐ 372 ☐ 3.1

2 12 cm   CHECK   ☐ 4 ☐ 3

3 90 m   CHECK   ☐ 675 ☐ 3

4 4배   CHECK   ☐ 40 ☐ 62.8 ☐ 3.14

25 DAY

108~110쪽

1 3267 cm²   **2** 16 cm   **3** ㉡, ㉢, ㉠   **4** 18개
5 1240 cm²   **6** 54 cm   **7** 8226 m²   **8** 54 cm, 90 cm²

26 DAY

114~115쪽

1 ⑴ 나, 사 ⑵ 라, 바, 아 ⑶ 가

2 (왼쪽에서부터) 높이, 옆면, 모선 / 반지름, 중심

3 (위에서부터) 원, 2, 2, 직사각형, 1

4 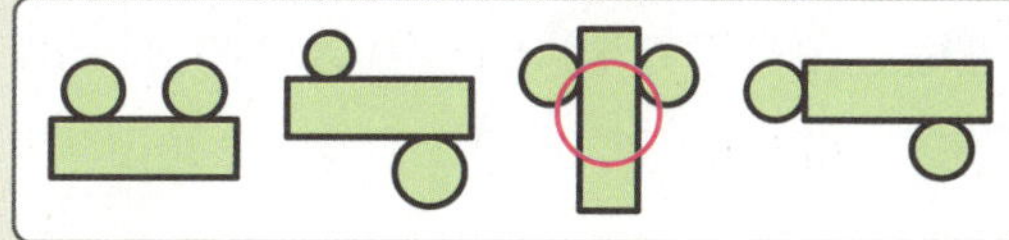

5 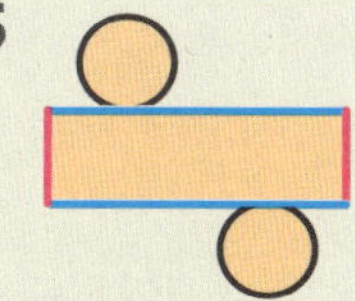

6  ○, △, △

7 ⑴ 6 ⑵ 10

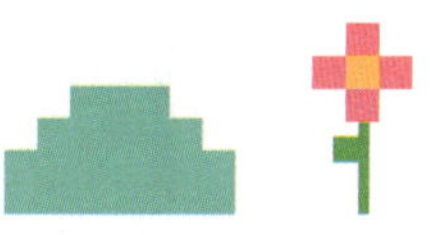

<table><tr><td rowspan="2">**27**
DAY</td><td>**116~117쪽**</td></tr></table>

27 DAY

1 ❷ (왼쪽에서부터) 높이 / 모선, 높이　❸ 20, 12 / 20, ㅡ, 12, 8　❹ 8 cm
2 ❷ ÷, 5, 7 / 5, +, 7, 12　❸ 12 cm
3 ❷ 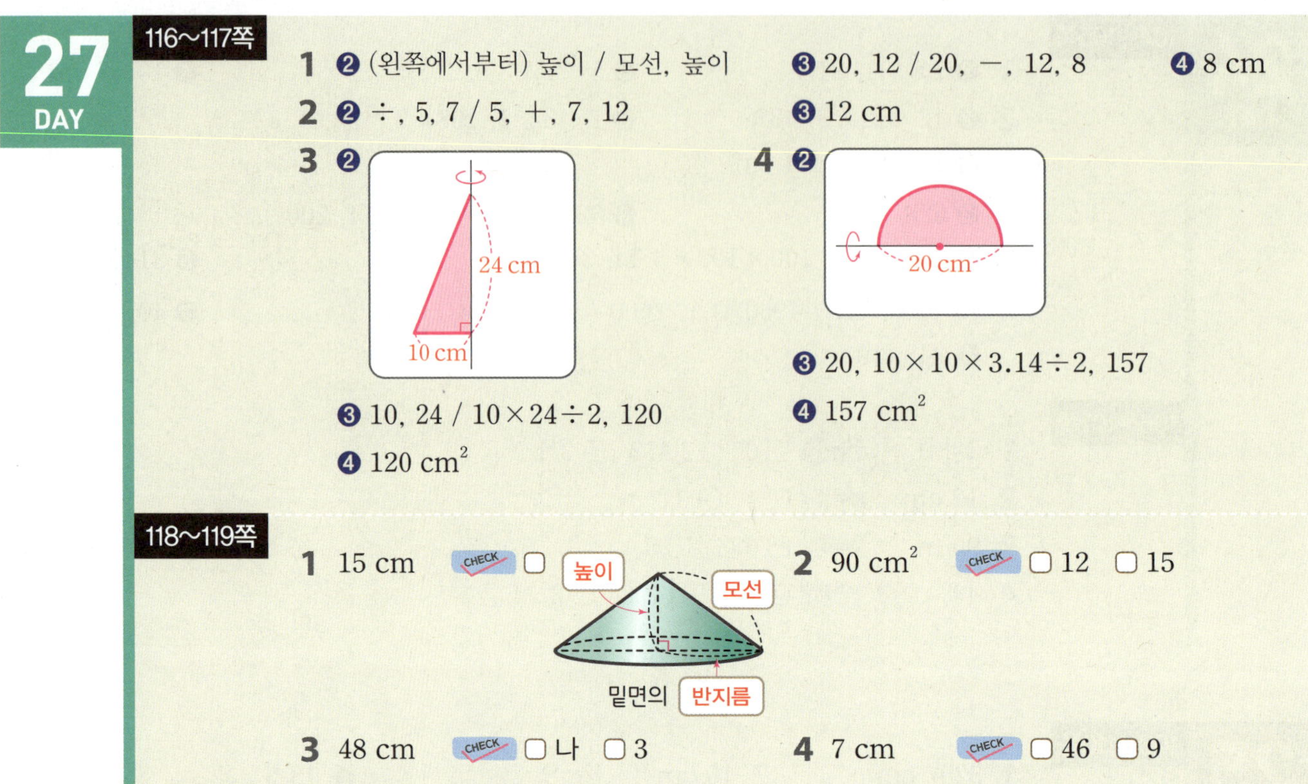
❸ 10, 24 / 10×24÷2, 120
❹ 120 cm²
4 ❷
❸ 20, 10×10×3.14÷2, 157
❹ 157 cm²

118~119쪽

1 15 cm　CHECK □
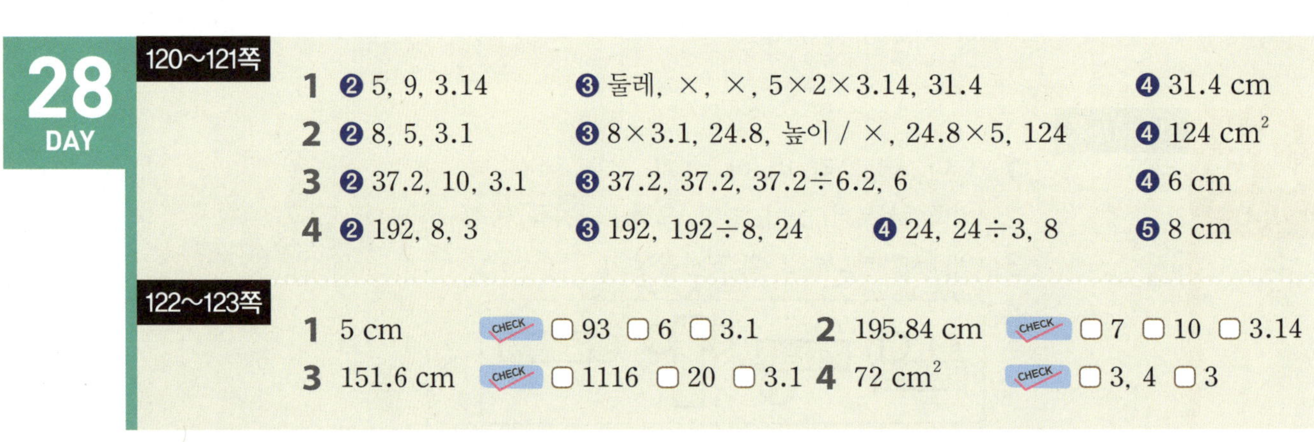
2 90 cm²　CHECK □12　□15
3 48 cm　CHECK □나　□3　　**4** 7 cm　CHECK □46　□9

---

28 DAY

120~121쪽

1 ❷ 5, 9, 3.14　❸ 둘레, ×, ×, 5×2×3.14, 31.4　❹ 31.4 cm
2 ❷ 8, 5, 3.1　❸ 8×3.1, 24.8, 높이 / ×, 24.8×5, 124　❹ 124 cm²
3 ❷ 37.2, 10, 3.1　❸ 37.2, 37.2, 37.2÷6.2, 6　❹ 6 cm
4 ❷ 192, 8, 3　❸ 192, 192÷8, 24　❹ 24, 24÷3, 8　❺ 8 cm

122~123쪽

1 5 cm　CHECK □93　□6　□3.1　　**2** 195.84 cm　CHECK □7　□10　□3.14
3 151.6 cm　CHECK □1116　□20　□3.1　**4** 72 cm²　CHECK □3, 4　□3

---

29 DAY

124~126쪽

1 36 cm　　　　　　　**2** 49.6 cm²
3 ㉖ 옆면이 직사각형이 아니기 때문입니다.
　　밑면인 두 원의 크기가 다르기 때문입니다.
4 94.4 cm
5 ㉖ 위에서 본 모양이 원입니다. /
　　㉖ 원뿔은 뾰족한 부분이 있지만 구는 뾰족한 부분이 없습니다.
　　원뿔은 밑면이 있지만 구는 밑면이 없습니다.
6 5 cm　　　　　　**7** 11 cm　　　　　　**8** 108 cm²

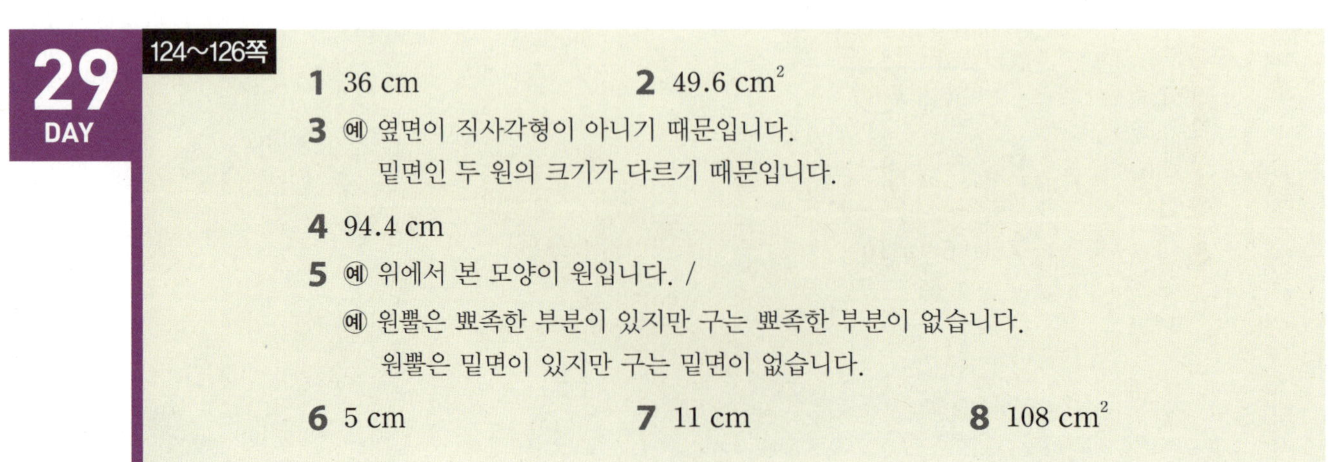

자세한 풀이

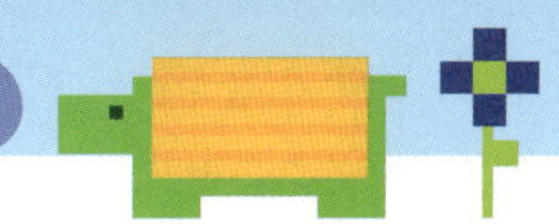

1. 분수의 나눗셈

*개념 확인하기, 대표 문장제 익히기 정답은
 스피드 정답 2~4쪽에 있습니다.

2 DAY　18~19쪽

1 (세탁세제의 사용 기간)
　＝(전체 세탁세제의 양)
　　(× , ÷) (한 달에 사용하는 세탁세제의 양)

$$= 8 \div 1\frac{3}{5}$$

$$= 8 \div \frac{8}{5} = \overset{1}{8} \times \frac{5}{\underset{1}{8}}$$

$$= 5 \text{(달)}$$

답 5달

2 (채송화를 심은 부분)÷(나팔꽃을 심은 부분)

$$= \frac{3}{10} \div \frac{1}{4} = \frac{3}{\underset{5}{10}} \times \overset{2}{4}$$

$$= \frac{6}{5} = 1\frac{1}{5} \text{(배)}$$

답 $1\frac{1}{5}$ 배

3 ❶ (만들 수 있는 빵의 수)
　＝(전체 밀가루의 양)
　　÷(빵 1개를 만드는 데 필요한 밀가루의 양)

$$= 3\frac{1}{2} \div \frac{4}{9}$$

❷ $3\frac{1}{2} \div \frac{4}{9} = \frac{7}{2} \div \frac{4}{9} = \frac{7}{2} \times \frac{9}{4}$

$$= \frac{63}{8} = 7\frac{7}{8} \text{(개)}$$

➡ 빵의 수는 자연수이므로
　7개까지 만들 수 있습니다.

답 7개

4 ❶ (컵으로 덜어 내야 하는 횟수)
　＝(물통에 담겨 있는 물의 양)
　　÷(한 번 덜어 내는 물의 양)

$$= 1\frac{4}{5} \div \frac{7}{20}$$

❷ $1\frac{4}{5} \div \frac{7}{20} = \frac{9}{5} \div \frac{7}{20}$

$$= \frac{9}{\underset{1}{5}} \times \frac{\overset{4}{20}}{7}$$

$$= \frac{36}{7} = 5\frac{1}{7} \text{(번)}$$

➡ 들이가 $\frac{7}{20}$ L인 컵으로 적어도 $5+1=6$(번)
　덜어 내야 합니다.

답 6번

3 DAY　22~23쪽

1 (쇠막대 1 m의 무게)
　＝(쇠막대의 무게) (× , ÷) (쇠막대의 길이)

$$= 1\frac{2}{7} \div \frac{3}{5} = \frac{9}{7} \div \frac{3}{5}$$

$$= \frac{\overset{3}{9}}{7} \times \frac{5}{\underset{1}{3}} = 2\frac{1}{7} \text{(kg)}$$

답 $2\frac{1}{7}$ kg

2 ❶ (휘발유 1 L로 갈 수 있는 거리)
　＝(자동차가 가는 거리)÷(휘발유의 양)

$$= 5\frac{3}{5} \div \frac{4}{7} = \frac{28}{5} \div \frac{4}{7} = \frac{\overset{7}{28}}{5} \times \frac{7}{\underset{1}{4}}$$

$$= \frac{49}{5} = 9\frac{4}{5} \text{(km)}$$

❷ (휘발유 5 L로 갈 수 있는 거리)
　＝(휘발유 1 L로 갈 수 있는 거리)×5

$$= 9\frac{4}{5} \times 5 = \frac{49}{\underset{1}{5}} \times \overset{1}{5} = 49 \text{(km)}$$

답 49 km

참고 ❶번 계산 결과를 가분수로 나타내면
❷번 계산을 더 간편하게 할 수 있습니다.

❶ $5\dfrac{3}{5} \div \dfrac{4}{7} = \dfrac{49}{5}$ (km) → ❷ $\dfrac{49}{\underset{1}{5}} \times \overset{1}{5} = 49$ (km)

3 ❶ 동재 : (걸린 시간)÷(걸은 거리)

$$= \dfrac{5}{6} \div \dfrac{1}{20} = \dfrac{5}{\underset{3}{6}} \times \overset{10}{20} = \dfrac{50}{3} = 16\dfrac{2}{3} \text{(분)}$$

원우 : (걸린 시간)÷(걸은 거리)

$$= \dfrac{3}{8} \div \dfrac{1}{42} = \dfrac{3}{\underset{4}{8}} \times \overset{21}{42} = \dfrac{63}{4} = 15\dfrac{3}{4} \text{(분)}$$

❷ $16\dfrac{2}{3} > 15\dfrac{3}{4}$ 이므로 1 km를 걷는 데 시간이

더 오래 걸리는 사람은 동재입니다.

답 동재

4 ❶ (직사각형 모양 벽면의 넓이)

$$= (\text{가로}) \times (\text{세로})$$

$$= 1\dfrac{3}{8} \times 2 = \dfrac{11}{\underset{4}{8}} \times \overset{1}{2} = \dfrac{11}{4} \ (\text{m}^2)$$

❷ (1 L의 페인트로 칠할 수 있는 벽면의 넓이)
= (벽면의 넓이)÷(사용한 페인트의 양)

$$= \dfrac{11}{4} \div \dfrac{11}{14} = \dfrac{\overset{1}{11}}{\underset{2}{4}} \times \dfrac{\overset{7}{14}}{\underset{1}{11}}$$

$$= \dfrac{7}{2} = 3\dfrac{1}{2} \ (\text{m}^2)$$

답 $3\dfrac{1}{2}$ m²

4 DAY   26~27쪽

1 $15\text{분} = \dfrac{\boxed{15}}{60} \text{시간} = \dfrac{1}{\boxed{4}} \text{시간이므로}$

(2시간 동안 산책로를 돌 수 있는 바퀴 수)
$= 2 \ (\times, \div) \ (\text{한 바퀴를 도는 데 걸리는 시간})$

$$= \quad 2 \div \dfrac{1}{4} \quad = \underset{\cdots\cdots\cdots}{8} \text{(바퀴)}$$

답 8바퀴

2 ❶ (한 통에 담은 소금의 양)

　　= (처음에 있던 소금의 양)
　　　÷ (나누어 담은 통의 수)

$$= 20 \div 6 = \dfrac{20}{6} = \dfrac{10}{3} \ (\text{kg})$$

❷ (소금 한 통으로 사용할 수 있는 날수)

　　= (한 통에 담은 소금의 양)
　　　÷ (하루에 사용하는 소금의 양)

$$= \dfrac{10}{3} \div \dfrac{5}{9} = \dfrac{\overset{2}{10}}{\underset{1}{3}} \times \dfrac{\overset{3}{9}}{\underset{1}{5}} = 6 \text{(일)}$$

답 6일

3 ❶ (기계를 가동하는 시간)

　　= (기계를 하루에 가동하는 시간)
　　　× (기계를 가동하는 날수)

$$= 5\dfrac{2}{5} \times 5 = \dfrac{27}{\underset{1}{5}} \times \overset{1}{5} = 27 \text{(시간)}$$

❷ (만들 수 있는 부품의 수)

　　= (기계를 가동하는 시간)
　　　÷ (부품을 한 개 만드는 데 걸리는 시간)

$$= 27 \div \dfrac{9}{11} = \overset{3}{27} \times \dfrac{11}{\underset{1}{9}} = 33 \text{(개)}$$

답 33개

4 ❶ (3분 30초 동안 탄 양초의 길이)

　　= (처음 양초의 길이)
　　　− (3분 30초가 지난 후 양초의 길이)

$$= 10 - 5\dfrac{1}{10} = 9\dfrac{10}{10} - 5\dfrac{1}{10} = 4\dfrac{9}{10} \ (\text{cm})$$

❷ $3\text{분} 30\text{초} = 3\dfrac{30}{60}\text{분} = 3\dfrac{1}{2}\text{분}$

(1분 동안 타는 양초의 길이)

$= (3\dfrac{1}{2}\text{분 동안 탄 양초의 길이}) \div 3\dfrac{1}{2}$

$$= 4\dfrac{9}{10} \div 3\dfrac{1}{2} = \dfrac{49}{10} \div \dfrac{7}{2} = \dfrac{\overset{7}{49}}{\underset{5}{10}} \times \dfrac{\overset{1}{2}}{\underset{1}{7}}$$

$$= \dfrac{7}{5} = 1\dfrac{2}{5} \ (\text{cm})$$

답 $1\dfrac{2}{5}$ cm

5 DAY

30~31쪽

1 ❶ □ (⊗, ÷) $\dfrac{6}{23} = \dfrac{15}{23}$ 입니다.

□를 구하면 □$= \dfrac{15}{23} \div \dfrac{6}{23} = \dfrac{5}{2}$

❷ (어떤 수)$\div \dfrac{6}{23} = \dfrac{5}{2} \div \dfrac{6}{23}$

$= 9\dfrac{7}{12}$

답 $9\dfrac{7}{12}$

2 ❶ (사다리꼴의 넓이)

$=(($ 윗 $\;$변의 길이$)+($ 아랫 $\;$변의 길이$))$

$\times ($높이$) \div$ 2

❷ 식 $\;(\square + 3) \times 2\dfrac{1}{4} \div 2 = 5\dfrac{7}{8}$

➜ 계산 $\;(\square + 3) \times 2\dfrac{1}{4} = \dfrac{47}{4}$

$\square + 3 = \dfrac{47}{9}$

$\square = 2\dfrac{2}{9}$

답 $2\dfrac{2}{9}$ cm

3 ❶ 오늘까지 읽은 부분이 전체의 $\dfrac{1}{3}$이므로

오늘까지 읽고 남은 부분은

전체의 $1 - \dfrac{1}{3} = \dfrac{2}{3}$ 입니다.

❷ 세계사책 전체 쪽수의 $\dfrac{2}{3}$가 110쪽이므로

$\square \times \dfrac{2}{3} = 110$

➜ $\square = 110 \div \dfrac{2}{3} = \overset{55}{110} \times \dfrac{3}{2} = 165$

답 165쪽

참고 전체의 $\dfrac{\blacktriangle}{\bullet}$를 읽고 남은 부분은 전체의 $\left(1 - \dfrac{\blacktriangle}{\bullet}\right)$입니다.

4 ❶ 첫 번째로 튀어 오른 높이 : $\square \times \dfrac{3}{4}$

두 번째로 튀어 오른 높이 :

$\square \times \dfrac{3}{4} \times \dfrac{3}{4} = 2\dfrac{5}{8}$

❷ $\square \times \dfrac{3}{4} \times \dfrac{3}{4} = 2\dfrac{5}{8}$

➜ $\square \times \dfrac{9}{16} = \dfrac{21}{8}$,

$\square = \dfrac{21}{8} \div \dfrac{9}{16} = \dfrac{\overset{7}{21}}{\underset{1}{8}} \times \dfrac{\overset{2}{16}}{\underset{3}{9}} = \dfrac{14}{3} = 4\dfrac{2}{3}$

답 $4\dfrac{2}{3}$ m

참고 ▲번째로 튀어 오른 높이 : $\square \times \underbrace{\dfrac{3}{4} \times \dfrac{3}{4} \times \cdots\cdots \times \dfrac{3}{4}}_{\text{▲번}}$

6 DAY

32~34쪽

1 ❶ (소희의 기록)÷(명진이의 기록)

$= \dfrac{14}{15} \div \dfrac{6}{7} = \dfrac{14}{15} \times \dfrac{\overset{7}{7}}{\underset{3}{6}} = \dfrac{49}{45}$

❷ $= 1\dfrac{4}{45}$ (배)

답 $1\dfrac{4}{45}$ 배

채점기준	
❶ 식을 세우면	2점
❷ 소희의 기록은 명진이의 기록의 몇 배인지 구하면	3점
	5점

2 ❶ (만들 수 있는 모빌의 수)

$=$ (전체 철사의 길이)

$\div$ (모빌 1개를 만드는 데 필요한 철사의 길이)

$= 3\dfrac{1}{8} \div \dfrac{5}{8} = \dfrac{25}{8} \div \dfrac{5}{8} = 25 \div 5$

❷ $= 5$ (개)

답 5개

채점기준	
❶ 식을 세우면	2점
❷ 만들 수 있는 모빌의 수를 구하면	3점
	5점

3

❶ (페인트 1 L로 칠할 수 있는 벽면의 넓이)

$=$(벽면의 넓이)$\div$(사용한 페인트의 양)

$=\dfrac{20}{21}\div\dfrac{8}{9}=\dfrac{\overset{5}{20}}{\underset{7}{21}}\times\dfrac{\overset{3}{9}}{\underset{2}{8}}$

$=\dfrac{15}{14}$ (m^2)

❷ (페인트 7 L로 칠할 수 있는 벽면의 넓이)

$=$(페인트 1 L로 칠할 수 있는 벽면의 넓이)$\times 7$

$=\dfrac{15}{\underset{2}{14}}\times\overset{1}{7}=\dfrac{15}{2}=7\dfrac{1}{2}$ (m^2)

답 $7\dfrac{1}{2}$ m^2

주의 페인트 1 L로 칠할 수 있는 벽면의 넓이만 구하여 답하지 않도록 주의합니다.

4

❶ ㉮ 가게 :

(1 kg의 가격)$=$(가격)$\div$(무게)

$=5000\div\dfrac{4}{5}=\overset{1250}{5000}\times\dfrac{5}{\underset{1}{4}}$

$=6250$(원)

㉯ 가게 :

(1 kg의 가격)$=$(가격)$\div$(무게)

$=4000\div\dfrac{2}{3}=\overset{2000}{4000}\times\dfrac{3}{\underset{1}{2}}$

$=6000$(원)

❷ $6250>6000$이므로 1 kg의 가격이 더 싼 곳은 ㉯ 가게입니다.

답 ㉯ 가게

5

❶ (삼각형의 넓이)

$=$(밑변의 길이)$\times$(높이)$\div 2$이므로

밑변의 길이를 □ cm라고 하여 식을 만들면

$□\times 1\dfrac{1}{14}\div 2=1\dfrac{3}{7}$입니다.

❷ $□\times 1\dfrac{1}{14}\div 2=1\dfrac{3}{7}$

$\rightarrow$ $□\times\dfrac{15}{14}\times\dfrac{1}{2}=\dfrac{10}{7}$, $□\times\dfrac{15}{28}=\dfrac{10}{7}$,

$□=\dfrac{10}{7}\div\dfrac{15}{28}=\dfrac{\overset{2}{10}}{\underset{1}{7}}\times\dfrac{\overset{4}{28}}{\underset{3}{15}}$

$=\dfrac{8}{3}=2\dfrac{2}{3}$

답 $2\dfrac{2}{3}$ cm

6

❶ 2분 45초$=2\dfrac{45}{60}$분$=2\dfrac{3}{4}$분이므로

❷ (1분 동안 타는 양초의 길이)

$=\left(2\dfrac{3}{4}\text{분 동안 탄 양초의 길이}\right)\div 2\dfrac{3}{4}$

$=4\div 2\dfrac{3}{4}=4\div\dfrac{11}{4}=4\times\dfrac{4}{11}$

$=\dfrac{16}{11}$ (cm)

❸ (11분 동안 타는 양초의 길이)

$=$(1분 동안 타는 양초의 길이)$\times 11$

$=\dfrac{16}{\underset{1}{11}}\times\overset{1}{11}=16$ (cm)

답 16 cm

참고 1분$=60$초이므로 1초$=\dfrac{1}{60}$분입니다.

$\rightarrow$ ★초$=\dfrac{★}{60}$분

7

❶ 어떤 수를 □라고 하여 식을 만들면

$\dfrac{3}{4}\times□=\dfrac{1}{2}$입니다.

❷ □를 구하면

$\dfrac{3}{4}\times□=\dfrac{1}{2}$ $\rightarrow$ $□=\dfrac{1}{2}\div\dfrac{3}{4}=\dfrac{1}{2}\times\dfrac{\overset{2}{4}}{\underset{1}{3}}=\dfrac{2}{3}$

❸ (어떤 수)$\div\dfrac{5}{6}=\dfrac{2}{3}\div\dfrac{5}{6}=\dfrac{2}{\underset{1}{3}}\times\dfrac{\overset{2}{6}}{5}=\dfrac{4}{5}$

답 $\dfrac{4}{5}$

채점기준

❶ 어떤 수를 □라고 하여 식을 세우면	2점
❷ 어떤 수를 구하면	3점
❸ 어떤 수를 $\frac{5}{6}$ 로 나눈 몫을 구하면	3점
	8점

참고 어떤 수를 구한 다음, 어떤 수를 $\frac{5}{6}$ 로 나눈 몫을 구하여 답합니다.

8

❶ $6\frac{3}{4} \div 1\frac{2}{7} = \frac{27}{4} \div \frac{9}{7} = \frac{27}{4} \times \frac{7}{9}$
$= \frac{21}{4} = 5\frac{1}{4}$

❷ $7\frac{1}{7} \div \frac{5}{8} = \frac{50}{7} \div \frac{5}{8} = \frac{50}{7} \times \frac{8}{5}$
$= \frac{80}{7} = 11\frac{3}{7}$

❸ $5\frac{1}{4} < □ < 11\frac{3}{7}$ 이므로
□ 안에 들어갈 수 있는 자연수는
6, 7, 8, 9, 10, 11로 모두 6개입니다.

답 6개

채점기준

❶ $6\frac{3}{4} \div 1\frac{2}{7}$ 의 몫을 구하면	3점
❷ $7\frac{1}{7} \div \frac{5}{8}$ 의 몫을 구하면	3점
❸ □ 안에 들어갈 수 있는 자연수의 개수를 구하면	2점
	8점

주의 □ 안에 들어갈 수 있는 자연수에 5를 포함하지 않도록 주의합니다.

2. 소수의 나눗셈

＊개념 확인하기, 대표 문장제 익히기 정답은 스피드 정답 5~6쪽에 있습니다.

8 DAY 42~43쪽

1 아버지의 키와 은아의 키를 m 단위로 나타내면
1 m 82 cm＝1.82 m,
1 m 40 cm＝ 1.4 m입니다.
(아버지의 키) (× , ÷) (은아의 키)
＝ 1.82÷1.4
＝ 1.3 (배)

답 1.3배

2 (세울 수 있는 기둥 수)
＝(울타리의 둘레)÷(기둥의 간격)
＝24.3÷2.7
＝9(개)

답 9개

3 ❶ (전체 음료수의 양)
＝(한 병에 담긴 음료수의 양)×(병의 수)
＝1.25×3
＝3.75 (L)
❷ (필요한 컵의 수)
＝(전체 음료수의 양)
÷(컵 한 개에 담는 음료수의 양)
＝3.75÷0.25
＝15(개)

답 15개

4 ❶ 1시간 30분＝$1\frac{30}{60}$시간＝$1\frac{5}{10}$시간＝1.5시간
❷ (1시간 동안 달린 거리)
＝(달린 거리)÷(걸린 시간)
＝141÷1.5
＝94 (km)

답 94 km

1 (관우 12걸음의 길이)÷12의 몫을
소수 첫째 자리까지 계산하면

$$\underline{700} \div 12 = \boxed{5}\,\boxed{8}.\boxed{3}\cdots\cdots$$

→ 몫의 소수 첫째 자리 숫자가 $\underline{3}$ 이므로
반올림하여 일의 자리까지 나타내면
관우의 한 걸음은 $\underline{58}$ cm입니다.

답 **58 cm**

2 ❶ (양초가 1분 동안 탄 길이)
$=$(양초의 길이)÷(탄 시간)
$=4.8 \div 7 = 0.68\cdots\cdots$
❷ 몫의 소수 둘째 자리 숫자가 8이므로
반올림하여 소수 첫째 자리까지 나타내면
양초가 1분 동안 탄 길이는 0.7 cm입니다.

답 **0.7 cm**

3 ❶ $3.7 \div 2.7$
$= \boxed{1}.\boxed{3}\,\boxed{7}\,\boxed{0}\,\boxed{3}\,\boxed{7}\,\boxed{0}\cdots\cdots$

규칙 몫의 소수점 아래 숫자는 3, 7, 0이 반복
되는 규칙입니다.

❷ $35 \div 3 = 11 \cdots 2$이므로
몫의 소수 35째 자리 숫자는 소수 둘째 자리 숫
자와 같은 7입니다.

답 **7**

4 ❶ (밤의 길이)$=\square$, (낮의 길이)$=\square+3$이고
하루는 24시간이므로
(낮의 길이)$+$(밤의 길이)$=\square+3+\square=24$,
$\square+\square=21$, $\square=10.5$
→ (밤의 길이)$=10.5$시간
(낮의 길이)$=10.5+3=13.5$(시간)
❷ (낮의 길이)÷(밤의 길이)
$=13.5 \div 10.5 = 1.285\cdots\cdots$
→ 몫의 소수 셋째 자리 숫자가 5이므로
반올림하여 소수 둘째 자리까지 나타내면
낮의 길이는 밤의 길이의 1.29배입니다.

답 **1.29배**

---

1 ❶ (나누어 줄 수 있는 사람 수)
$=$(전체 우유의 양)÷(한 사람에게 나누어 주는 양)
$= \underline{3} \div \underline{0.8}$
❷
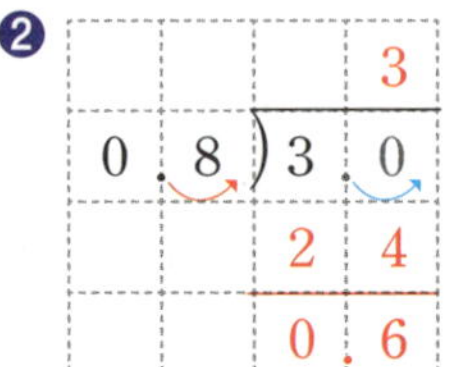

→ 우유 3 L를 한 사람당 0.8 L씩 나누어 주면
$\underline{3}$ 명까지 나누어 줄 수 있습니다.

답 **3명**

2 ❶ (포장할 수 있는 상자 수)
$=$(전체 색 테이프의 길이)
÷(상자 한 개를 포장할 수 있는 색 테이프의
길이)
$=27.6 \div 4$
❷
$$\begin{array}{r} 6 \\ 4\,)\overline{\,2\,7.6} \\ \underline{2\,4} \\ 3.6 \end{array}$$

→ 색 테이프 27.6 m로
똑같은 크기의 상자를 6개 포장할 수 있고,
남는 색 테이프는 3.6 m입니다.

답 **6개, 3.6 m**

3 ❶ 어떤 수를 $\square$라고 하면 $\square \div 4.2 = 11.2$
$\square$를 구하면 $\square = 11.2 \times 4.2 = 47.04$
❷ (어떤 수)÷2.4$=47.04 \div 2.4 = 19.6$

답 **19.6**

4 ❶ 어떤 수를 $\square$라고 하면 $\square \times 3.5 = 16.8$
$\square$를 구하면 $\square = 16.8 \div 3.5 = 4.8$
❷ (어떤 수)÷3.5$=4.8 \div 3.5 = 1.371\cdots\cdots$
몫의 소수 셋째 자리 숫자가 1이므로
반올림하여 소수 둘째 자리까지 나타내면
1.37입니다.

답 **1.37**

11 DAY

52~54쪽

1 ❶ (나누어 담을 수 있는 봉지 수)
  =(전체 색모래의 양)
   ÷(한 봉지에 담는 색모래의 양)
  $=30÷2.5$
  ❷ $=12$(봉지)

답 **12봉지**

채점기준

❶ 식을 세우면	2점
❷ 나누어 담을 수 있는 봉지 수를 구하면	3점
	5점

2 ❶ (평행사변형의 넓이)=(밑변의 길이)×(높이)
  ➡ (높이)=(평행사변형의 넓이)÷(밑변의 길이)
   $=41.5÷8.3$
  ❷ $=5$ (cm)

답 **5 cm**

채점기준

❶ 식을 세우면	2점
❷ 평행사변형의 높이를 구하면	3점
	5점

3 ❶ (1시간 동안 걸은 거리)
  =(전체 거리)÷(걸린 시간)
  $=10.32÷2.4$
  ❷ $=4.3$ (km)

답 **4.3 km**

채점기준

❶ 식을 세우면	2점
❷ 1시간 동안 걸은 거리를 구하면	3점
	5점

주의 자릿수가 다른 (소수)÷(소수)의 계산은 나누는 수와 나누어지는 수의 소수점을 각각 오른쪽으로 똑같이 옮겨서 계산하며 몫의 소수점은 옮긴 위치에 맞추어 찍어야 합니다.

4 ❶ (키가 큰 나무의 높이)÷(키가 작은 나무의 높이)
   $=193÷45$
   $=4.28……$

❷ 몫의 소수 둘째 자리 숫자가 8이므로
반올림하여 소수 첫째 자리까지 나타내면
키가 큰 나무 높이는
키가 작은 나무 높이의 4.3배입니다.

답 **4.3배**

채점기준

❶ 나눗셈의 몫을 소수 둘째 자리까지 계산하면	3점
❷ 나눗셈의 몫을 반올림하여 소수 첫째 자리까지 나타내면	3점
	6점

참고 ■는 ●의 몇 배인지 식으로 나타내면 (■÷●)배입니다.

5 ❶ (철근 ㉮의 1 m의 무게)
   =(철근의 무게)÷(철근의 길이)
   $=36.25÷7.25=5$ (kg)
  ❷ (철근 ㉯의 1 m의 무게)
   =(철근의 무게)÷(철근의 길이)
   $=50.4÷12.6=4$ (kg)
  ❸ $5>4$이므로 같은 길이의 철근을 산다면 1 m의
   무게가 더 무거운 철근 ㉮가 더 무겁습니다.

답 **철근 ㉮**

채점기준

❶ 철근 ㉮의 1 m의 무게를 구하면	3점
❷ 철근 ㉯의 1 m의 무게를 구하면	3점
❸ 같은 길이의 철근을 산다면 어느 철근이 더 무거운지 구하면	1점
	7점

6 ❶ 어떤 수를 □라고 하면
  잘못 계산한 식에서 $□×0.4=20$
  ❷ 어떤 수를 구하면
   $□×0.4=20$ ➡ $□=20÷0.4=50$
  ❸ 바르게 계산하면
   $50÷0.4=125$

답 **125**

채점기준

❶ 어떤 수를 □라고 하여 잘못 계산한 식을 세우면	2점
❷ 어떤 수를 구하면	3점
❸ 바르게 계산하면	3점
	8점

7 ❶

$$
\begin{array}{r}
1\,2 \\
5\,)\overline{6\,3.8} \\
5 \\
\hline
1\,3 \\
1\,0 \\
\hline
3.8
\end{array}
$$

❷ 밀가루 63.8 g으로 쿠키를 12개 만들 수 있고, 남는 밀가루는 3.8 g입니다.

답 12개, 3.8 g

❶ 식을 세워 나눗셈의 몫을 자연수까지만 구하면 ········ ○ 2점
❷ 만들 수 있는 쿠키 수와 남는 밀가루의 양을 각각 구하면 ················ ○ 각 3점

8점

주의 쿠키 수는 소수가 아닌 자연수이므로 몫을 반드시 자연수까지만 계산해야 합니다.

8 ❶ $2.2 \div 6 = 0.366666\cdots\cdots$이므로

❷ 몫의 소수 둘째 자리부터 숫자 6이 반복되는 규칙입니다.

❸ 따라서 몫의 소수 100째 자리 숫자는 6입니다.

답 6

❶ $2.2 \div 6$의 몫을 소수 여섯째 자리까지 계산하면 ········ ○ 3점
❷ 몫의 소수점 아래 숫자가 반복되는 규칙을 찾으면 ········ ○ 3점
❸ 몫의 소수 100째 자리 숫자를 구하면 ················ ○ 2점

8점

3. 공간과 입체

*개념 확인하기, 대표 문장제 익히기 정답은
  스피드 정답 6~8쪽에 있습니다.

13 DAY 62~63쪽

1 ❶ 옆에서 보면
가장 높은 층이 왼쪽부터
__2__ 층, __1__ 층, __3__ 층입니다.

❷ (필요한 쌓기나무의 개수)
$= \underline{3+1+1+2+2+1}$
$= \underline{10}$ (개)

답 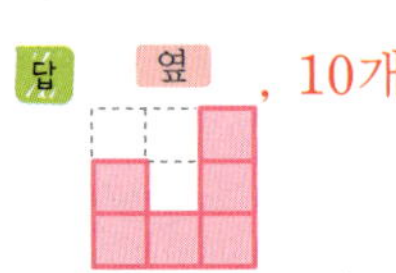 , 10개

2 ❶ 위에서 본 모양에 쓴 수가 3 이상인 수는 4, 3으로 2칸입니다.

❷ 3층에 쌓은 쌓기나무는 2개입니다.

답 2개

3 ❶ (필요한 쌓기나무의 개수)
$= 6+2+1 = 9$(개)

❷ (남는 쌓기나무의 개수)
$= 15-9 = 6$(개)

답 6개

4 ❶ 가장 많은 경우 : 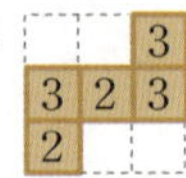

→ $3+3+2+3+2 = 13$(개)

가장 적은 경우 : 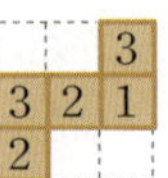

→ $3+3+2+1+2 = 11$(개)

❷ 가장 많은 경우와 가장 적은 경우의 쌓기나무 수의 차는 $13-11 = 2$(개)입니다.

답 2개

14 DAY

1 ❶ 

❷ 가장 높은 층이 왼쪽부터

    __3__ 층, __1__ 층, __1__ 층이 됩니다.

(앞에서 보면 보이는 면의 개수)

$=$ __3+1+1__

$=$ __5__ (개)

답 5개

2 ❶ 위

❷ (남는 쌓기나무의 개수)

$=2+1+2+2+2+1+1$

$=11$(개)

답 11개

3 ❶

두 면이 색칠된 쌓기나무는 한 층에 6개씩 있습니다.

❷ 쌓기나무는 2층으로 쌓여 있으므로
두 면이 색칠된 쌓기나무는 모두
$6×2=12$(개)입니다.

답 12개

4 ❶ 위

(쌓은 쌓기나무의 개수)

$=3+2+2+2+1+1+1$

$=12$(개)

↑ 앞

❷ 가장 작은 정육면체는 한 층에 9개씩 3층으로
쌓아야 하므로
모두 $9+9+9=27$(개)를 쌓아야 합니다.
따라서 쌓기나무를 $27-12=15$(개) 더 쌓아야
합니다.

답 15개

15 DAY

1 ❶ 위에서 본 모양의 각 자리에 쌓인
쌓기나무의 수를 쓰면 오른쪽과 같
습니다.

❷ 똑같은 모양으로 쌓는 데 필요한 쌓기나무는
$1+3+1+1+2+1=9$(개)입니다.

답 9개

채점기준	
❶ 위에서 본 모양에 수를 쓰면	3점
❷ 똑같은 모양으로 쌓는 데 필요한 쌓기나무의 개수를 구하면	2점
	5점

다른풀이 쌓기나무로 쌓은 모양과 위에서 본 모양을 보고 층별 쌓기나무의 개수를 더하여 구할 수도 있습니다.

1층 : 6개, 2층 : 2개, 3층 : 1개

→ $6+2+1=9$(개)

2 ❶ 위에서 본 모양에 쓴 수가 2 이상인 수는
3, 2, 4, 2로 4칸입니다.

❷ 따라서 2층에 쌓은 쌓기나무는 4개입니다.

답 4개

채점기준	
❶ 2 이상인 수가 쓰인 칸의 수를 구하면	3점
❷ 2층에 쌓은 쌓기나무의 개수를 구하면	2점
	5점

3 ❶ 앞과 옆에서 본 모양 :
○ 부분은 1개씩

앞에서 본 모양 : △ 부분은 2개

앞 또는 옆에서 본 모양 : ☆ 부분은 3개

❷ 똑같은 모양으로 쌓는 데 필요한 쌓기나무는
$3+1+2+1+1=8$(개)입니다.

답 8개

채점기준	
❶ 위에서 본 모양의 각 자리에 쌓인 쌓기나무의 개수를 구하면	3점
❷ 똑같은 모양으로 쌓는 데 필요한 쌓기나무의 개수를 구하면	3점
	6점

4 ❶ 앞에서 본 모양을 보고 위에서 본 모 
양의 각 자리에 쌓은 쌓기나무의 수
를 쓰면 오른쪽과 같습니다.
○ 부분과 △ 부분은 쌓기나무가 2개 또는 1개
이고, ○ 부분과 △ 부분의 합은
$9-3-1-1=4$(개)이므로
○ 부분과 △ 부분은 각각 2개입니다.
❷ 따라서 옆에서 본 모양은 가장 높은 층이 왼쪽
부터 1층, 2층, 3층이 되도록 그립니다.

답 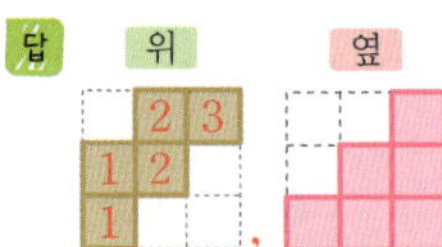

채점기준	
❶ 위에서 본 모양의 각 자리에 쌓은 쌓기나무의 수를 쓰면	3점
❷ 옆에서 본 모양을 그리면	3점
	6점

5 ❶ 앞과 옆에서 본 모양을 나타내면

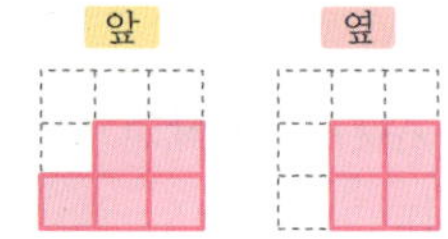

❷ 넓이가 $1\times1=1$ (cm^2)인 면이
$(5+5+4)\times2=28$(개)이므로
겉넓이는 28 cm^{2}입니다.

답 28 cm^2

채점기준	
❶ 앞과 옆에서 본 모양을 나타내면	각 2점
❷ 쌓은 모양의 겉넓이를 구하면	2점
	6점

참고 쌓기나무로 쌓은 모양은 위와 아래, 앞과 뒤, 오른쪽과 왼
쪽의 모양이 서로 대칭이므로 어느 한쪽 모양만 알면 다
른 쪽의 모양도 알 수 있습니다.

6 ❶ 쌓기나무를 1층에 5개, 2층에 2개, 3층에 1개
쌓았으므로
(쌓은 쌓기나무의 개수)$=5+2+1=8$(개)
❷ 가장 작은 정육면체는
한 층에 9개씩 3층으로 쌓아야 하므로
모두 $9\times3=27$(개)를 쌓아야 합니다.
❸ 따라서 쌓기나무를 $27-8=19$(개) 더 쌓아야
합니다.

답 19개

채점기준	
❶ 쌓은 쌓기나무의 개수를 구하면	2점
❷ 가장 작은 정육면체로 쌓을 때 필요한 쌓기나무의 개수를 구하면	3점
❸ 더 쌓아야 하는 쌓기나무의 개수를 구하면	2점
	7점

7 ❶ 두 면이 색칠된 쌓기나무를 보이는 
면에 나타내면 오른쪽과 같고, 두
면이 색칠된 쌓기나무는 각 모서리
의 가운데에 1개씩 있습니다.
❷ 정육면체의 모서리는 12개이므로
두 면이 색칠된 쌓기나무는 모두 12개입니다.

답 12개

채점기준	
❶ 두 면이 색칠된 쌓기나무를 보이는 면에 나타내면	4점
❷ 두 면이 색칠된 쌓기나무의 개수를 구하면	4점
	8점

8 ❶ 앞과 옆에서 본 모양을 보고 위에서 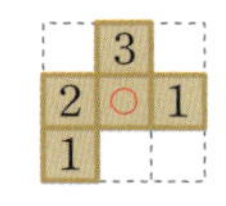
본 모양의 각 자리에 쌓은 쌓기나무
의 수를 쓰면 오른쪽과 같습니다.
❷ ○ 부분은 쌓기나무가 1개 또는 2개 있어야 하
므로 똑같은 모양으로 쌓는 데 필요한 쌓기나무
가 가장 적은 경우는
$3+2+1+1+1=8$(개)입니다.

답 8개

채점기준	
❶ 위에서 본 모양의 각 자리에 쌓은 쌓기나무의 개수를 구하면	4점
❷ 똑같은 모양으로 쌓는 데 필요한 쌓기나무가 가장 적은 경우의 개수를 구하면	4점
	8점

4. 비례식과 비례배분

*개념 확인하기, 대표 문장제 익히기 정답은
스피드 정답 8~9쪽에 있습니다.

17 DAY

78~79쪽

1 집에서 학교까지의 거리와 집에서 도서관까지의
거리의 비 ➡ 0.7 : __1.05__
➡ 0.7 : 1.05의 전항과 후항에 __100__ 을 곱하면
__70__ : 105입니다.
➡ 70 : 105의 전항과 후항을
70과 105의 최대공약수인 __35__ 로 나누면
__2__ : __3__ 입니다.

답 2 : 3

2 ❶ (오늘 읽은 쪽수)
＝(전체 쪽수)－(어제 읽은 쪽수)
＝156－81＝75(쪽)
❷ 어제와 오늘 읽은 역사책의 쪽수의 비는
81 : 75입니다.
➡ 81 : 75의 전항과 후항을
81과 75의 최대공약수인 3으로 나누면
27 : 25입니다.

답 예 27 : 25

3 ❶ [혜나] 일을 하는 데 4시간이 걸렸으므로
1시간 동안 한 일의 양은 전체의 $\frac{1}{4}$입니다.
[재우] 일을 하는 데 5시간이 걸렸으므로
1시간 동안 한 일의 양은 전체의 $\frac{1}{5}$입니다.
❷ 혜나와 재우가 각각 1시간 동안 한 일의 양의
비는 $\frac{1}{4}$: $\frac{1}{5}$입니다.
➡ $\frac{1}{4}$: $\frac{1}{5}$의 전항과 후항에
4와 5의 최소공배수인 20을 곱하면
5 : 4입니다.

답 예 5 : 4

4 ❶ (직사각형의 넓이)
$=6\frac{2}{3}\times4=\frac{20}{3}\times4=\frac{80}{3}$ (cm^2)
(정사각형의 넓이)$=6\times6=36$ (cm^2)
❷ 직사각형과 정사각형의 넓이의 비는
$\frac{80}{3}$: 36입니다.
➡ $\frac{80}{3}$: 36의 전항과 후항에 3을 곱하면
80 : 108입니다.
➡ 80 : 108의 전항과 후항을
80과 108의 최대공약수인 4로 나누면
20 : 27입니다.

답 예 20 : 27

18 DAY

82~83쪽

1 10000원으로 살 수 있는 구슬 수를 □개라 하여
비례식을 세우면
8 : 2500＝□ : __10000__
➡ 8× __10000__ ＝2500×□
2500×□＝ __80000__
□＝ __32__

답 32개

2 ❶ 100 : 55＝240 : □
❷ 100×□＝55×240, 100×□＝13200,
□＝132

답 132킬로칼로리

3 ❶ 15 : 3 ＝ __100__ : □
❷ 15×□＝3×100, 15×□＝300, □＝20

답 20명

4 ❶ 1.8 : 110＝□ : 165
➡ 1.8×165＝110×□, 110×□＝297,
□＝2.7
❷ 2.7시간＝$2\frac{7}{10}$시간＝$2\frac{42}{60}$시간＝2시간 42분

답 2시간 42분

1 [인물 사진]

$$135 \times \dfrac{\boxed{8}}{8+1} = 135 \times \dfrac{\boxed{8}}{\boxed{9}} = \underline{120} \ (장)$$

[풍경 사진]

$$135 \times \dfrac{1}{8+1} = 135 \times \dfrac{1}{9}$$
$$= \underline{15} \ (장)$$

답 120장, 15장

2 [샛별 모둠]

$$6300 \times \dfrac{3}{3+4} = 6300 \times \dfrac{3}{7} = 2700 \ (g)$$

[라온 모둠]

$$6300 \times \dfrac{4}{3+4} = 6300 \times \dfrac{4}{7} = 3600 \ (g)$$

답 2700 g, 3600 g

3 ❶ 평행사변형 가와 나의 밑변의 길이의 비는
25 : 30입니다.
→ 25 : 30의 전항과 후항을
25와 30의 최대공약수인 5로 나누면
5 : 6입니다.
❷ 평행사변형 가와 나의 높이가 같으므로
평행사변형 가와 나의 넓이의 비는
.....밑변.....의 길이의 비와 같습니다.
→ (평행사변형 가의 넓이)
$$= \ 예 \ 1155 \times \dfrac{5}{11}$$
$$= \underline{525} \ (cm^2)$$

답 525 cm²

4 ❶ [영재] $\square \times \dfrac{2}{5+2} = \square \times \dfrac{2}{7} = 12$

❷ $\square \times \dfrac{2}{7} = 12$

→ $\square = 12 \div \dfrac{2}{7} = \overset{6}{12} \times \dfrac{7}{\underset{1}{2}} = 42$

답 42 cm

1 ❶ 우유와 주스의 양의 비는 2.1 : 1.5입니다.
❷ 2.1 : 1.5의 전항과 후항에 10을 곱하면
21 : 15입니다.
→ 21 : 15의 전항과 후항을
21과 15의 최대공약수인 3으로 나누면
7 : 5입니다.

답 예 7 : 5

채점기준	
❶ 우유와 주스의 양의 비를 구하면	2점
❷ 우유와 주스의 양의 비를 간단한 자연수의 비로 나타내면	3점
	5점

2 ❶ 성공시켜야 하는 3점 슛의 개수를 $\square$개라 하여
비례식을 세우면 $5 : 12000 = \square : 600000$
❷ 외항의 곱과 내항의 곱이 같으므로
$5 \times 600000 = 12000 \times \square$,
$12000 \times \square = 3000000$, $\square = 250$

답 250개

채점기준	
❶ $\square$를 사용한 비례식을 세우면	2점
❷ 3점 슛을 몇 개 성공시켜야 하는지 비례식의 성질을 이용하여 구하면	3점
	5점

3 ❶ [준호] $150 \times \dfrac{8}{8+7} = 150 \times \dfrac{8}{15} = 80(장)$

❷ [나영] $150 \times \dfrac{7}{8+7} = 150 \times \dfrac{7}{15} = 70(장)$

답 80장, 70장

채점기준	
❶ 준호가 가지게 되는 색종이 수를 구하면	3점
❷ 나영이가 가지게 되는 색종이 수를 구하면	3점
	6점

4 ❶ 톱니바퀴 ㉮와 ㉯의 톱니 수의 비는
14 : 21입니다.
→ 14 : 21의 전항과 후항을
14와 21의 최대공약수인 7로 나누면
2 : 3입니다.

❷ ㉮와 ㉯의 톱니 수의 비가 2 : 3이므로
ㄱ ㉮와 ㉯의 회전수의 비는 3 : 2입니다.

답 예 3 : 2

채점기준

❶ 톱니바퀴 ㉮와 ㉯의 톱니 수의 비를 간단한 자연수의 비로 나타내면	3점
❷ 톱니바퀴 ㉮와 ㉯의 회전수의 비를 간단한 자연수의 비로 나타내면	3점
	6점

참고 맞물려 돌아가는 두 톱니바퀴 ㉮와 ㉯에서
(㉮의 톱니 수)×(㉮의 회전수)
=(㉯의 톱니 수)×(㉯의 회전수)
→ (㉮의 톱니 수) : (㉯의 톱니 수)
=(㉯의 회전수) : (㉮의 회전수)

5

❶ 두 수의 곱이 같은 카드를 찾으면
$3×12=36$, $4×9=36$입니다.
❷ 외항의 곱과 내항의 곱이 같도록
수 카드 3 , 12 , 4 , 9 를 외항과 내항에
각각 놓아서 비례식을 세우면
$3 : 4=9 : 12$, $3 : 9=4 : 12$, $4 : 3=12 : 9$,
$9 : 3=12 : 4$ 등이 있습니다.

답 예 3 : 4=9 : 12

채점기준

❶ 두 수의 곱이 같은 수 카드를 찾으면	3점
❷ 비례식을 세우면	3점
	6점

다른 풀이 ① 비율이 같은 두 비를 기호 '='를 사용하여 나타낼 수도 있습니다.
$3 : 4 → \frac{3}{4}$, $9 : 12 → \frac{9}{12}=\frac{3}{4}$으로 비율이 같으므로
$3 : 4=9 : 12$입니다.

다른 풀이 ② 비의 성질을 이용하여 비례식을 만들 수도 있습니다.
$3 : 4=9 : 12$

6

❶ $4\frac{1}{2} : 3\frac{3}{5}=\frac{9}{2} : \frac{18}{5}$의 전항과 후항에
2와 5의 최소공배수인 10을 곱하면
45 : 36입니다.
→ 45 : 36의 전항과 후항을
45와 36의 최대공약수인 9로 나누면
5 : 4입니다.

❷ 밭의 넓이를 □ m²라 하여 비례식을 세우면
$5 : 4=60 : □$
외항의 곱과 내항의 곱이 같으므로
$5×□=4×60$, $5×□=240$, $□=48$

답 48 m²

채점기준

❶ 논과 밭의 넓이의 비를 간단한 자연수의 비로 나타내면	3점
❷ 밭의 넓이를 구하면	4점
	7점

7

❶ 직사각형의 둘레가 90 cm이므로
(가로)+(세로)=90÷2=45 (cm)입니다.
$(세로)=45×\frac{7}{2+7}=45×\frac{7}{9}=35$ (cm)

❷ 직사각형의 둘레가 90 cm이므로
(가로)+(세로)=90÷2=45 (cm)입니다.
가로와 세로의 비가 2 : 7이면
세로와 (가로)+(세로)의 비는 7 : 9입니다.
직사각형의 세로를 □ cm라 하여
비례식을 세우면 $7 : 9=□ : 45$입니다.
비의 성질을 이용하면 45는 9의 5배이므로
$7 : 9=□ : 45$, $□=7×5=35$

답 35 cm

채점기준

❶ 비례배분하여 세로를 구하면	4점
❷ 비례식을 세운 다음, 비의 성질을 이용하여 세로를 구하면	4점
	8점

8

❶ 겹쳐진 부분의 넓이는
$(㉮의 넓이)×\frac{1}{3}$, $(㉯의 넓이)×\frac{4}{9}$이므로
$(㉮의 넓이)×\frac{1}{3}=(㉯의 넓이)×\frac{4}{9}$
➔ $(㉮의 넓이) : (㉯의 넓이)=\frac{4}{9} : \frac{1}{3}$

❷ $\frac{4}{9} : \frac{1}{3}$의 전항과 후항에
9와 3의 최소공배수인 9를 곱하면
4 : 3입니다.

답 예 4 : 3

채점기준

❶ ㉮와 ㉯의 넓이의 비를 분수의 비로 나타내면	4점
❷ ㉮와 ㉯의 넓이의 비를 간단한 자연수의 비로 나타내면	4점
	8점

참고 ●의 ▲/■를 식으로 나타내면 ●×▲/■입니다.

5. 원의 넓이

*개념 확인하기, 대표 문장제 익히기 정답은
스피드 정답 10~11쪽에 있습니다.

22 DAY

1 (접시의 원주)=(반지름)×2 ($\times$, $\div$) (원주율)

$\qquad = 8 \times 2 \times 3.14$

$\qquad = 50.24$ (cm)

답 50.24 cm

2 ❶ (원 나의 지름)=(원주)÷(원주율)

$\qquad = 45 \div 3 = 15$ (cm)

❷ (원 가의 지름)=12 cm,

(원 나의 지름)=15 cm

12<15이므로 원 나의 지름이

15−12=3 (cm) 더 깁니다.

답 원 나, 3 cm

3 ❶ 상자 밑면의 한 변의 길이는 쿠키 통 밑면의 지
름과 같습니다.

❷ (상자 밑면의 한 변의 길이)

=(쿠키 통 밑면의 지름)

=124÷3.1

=40 (cm)

답 40 cm

4 ❶

❷ (도형의 둘레)=(곡선의 길이)+(직선의 길이)

=(원주)÷2+(지름)

=50×2×3.14÷2+50×2

=157+100

=257 (cm)

답 257 cm

23 DAY

1 (반지름)=(컴퍼스의 침과 연필심 사이의 거리)

$\qquad = 9$ cm

(원의 넓이)

=(반지름)($\times$, $\div$)(반지름) ($\times$, $\div$) (원주율)

$\qquad = 9 \times 9 \times 3$

$\qquad = 243$ (cm^2)

답 243 cm^2

2 ❶ (가장 큰 원의 지름)=(직사각형의 세로)

$\qquad = 20$ cm

❷ (가장 큰 원의 반지름)=20÷2=10 (cm)

(가장 큰 원의 넓이)=10×10×3.1

$\qquad = 310$ (cm^2)

답 310 cm^2

3 ❶ 지름이 8 cm인 원이 됩니다.

❷ 지름이 8 cm인 원의 반지름은 8÷2=4 (cm)
입니다.

(색칠한 부분의 넓이)

=(정사각형의 넓이)

−(지름이 8 cm인 원의 넓이)

=8×8−4×4×3

=64−48

=16 (cm^2)

답 16 cm^2

4 ❶ (원의 넓이)

=(반지름)×(반지름)×(원주율)

→ 446.4 =(반지름)×(반지름)×3.1

❷ (반지름)×(반지름)=446.4÷3.1=144,

12×12=144이므로

(반지름)=12 cm

답 12 cm

24 DAY

1 (한 바퀴 굴러간 거리)=(굴렁쇠의 원주)

$$= \underline{60 \times 3.1}$$

$$= \underline{186}\ (cm)$$

(굴러간 바퀴 수)

=(앞으로 나아간 거리)÷(한 바퀴 굴러간 거리)

$$= \underline{372 \div 186}$$

$$= \underline{2}\ (바퀴)$$

답 2바퀴

2 ❶ 반지름이 ___4___ cm인 원의 원주의 $\dfrac{1}{4}$ 입니다.

❷ (색칠한 부분의 둘레)

$$=(반지름이\ 4\ cm인\ 원의\ 원주)\times \frac{1}{4} \times 2$$

$$=4 \times 2 \times 3 \times \frac{1}{4} \times 2 = 12\ (cm)$$

답 12 cm

3 ❶ (원의 넓이)

=(반지름)×(반지름)×(원주율)이므로

675=(반지름)×(반지름)×3

➡ (반지름)×(반지름)=675÷3=225,

15×15=225이므로 (반지름)=15 m

❷ (꽃밭의 원주)=15×2×3=90 (m)

답 90 m

4 ❶ (반지름)=40÷2=20 (cm)

➡ (원 가의 넓이)=20×20×3.14

$$=1256\ (cm^2)$$

❷ 62.8=(지름)×3.14이므로

(지름)=62.8÷3.14=20 (cm),

(반지름)=20÷2=10 (cm)

➡ (원 나의 넓이)=10×10×3.14

$$=314\ (cm^2)$$

❸ (원 가의 넓이)÷(원 나의 넓이)

=1256÷314=4(배)

답 4배

참고 (원 가의 반지름)=(원 나의 반지름)×▲

→ (원 가의 넓이)=(원 나의 넓이)×▲×▲

즉, 반지름이 2배이면 넓이는 4배가 됩니다.

25 DAY

1 ❶ (창문의 넓이)=(반지름)×(반지름)×(원주율)

$$=33 \times 33 \times 3$$

❷ $=3267\ (cm^2)$

답 3267 cm²

채점기준

❶ 창문의 넓이를 구하는 식을 세우면	3점
❷ 창문의 넓이를 구하면	2점
	5점

2 ❶ (원주)=(원의 지름)×(원주율)이므로

50.24=(원의 지름)×3.14

❷ (원의 지름)=50.24÷3.14

$$=16\ (cm)$$

답 16 cm

채점기준

❶ 원주를 구하는 공식을 이용하여 식을 세우면	3점
❷ 원의 지름을 구하면	2점
	5점

참고 (원주)=(철사의 길이)=50.24 cm

3 ❶ ㉠ (쟁반의 넓이)=11×11×3.1

$$=375.1\ (cm^2)$$

㉡ (반지름)=14÷2=7 (cm)

(쟁반의 넓이)=7×7×3.1

$$=151.9\ (cm^2)$$

㉢ (쟁반의 넓이)=310 cm²

❷ 151.9<310<375.1이므로

넓이가 좁은 쟁반부터 차례대로 기호를 쓰면

㉡, ㉢, ㉠입니다.

답 ㉡, ㉢, ㉠

채점기준

❶ ㉠ 쟁반, ㉡ 쟁반의 넓이를 각각 구하면	각 2점
❷ 넓이가 좁은 쟁반부터 차례대로 기호를 쓰면	2점
	6점

4 ❶ (케이크의 둘레)＝(반지름)×2×(원주율)
$\qquad\qquad$＝12×2×3＝72 (cm)
❷ (필요한 체리의 수)
$\quad$＝(케이크의 둘레)÷(체리 간격)
$\quad$＝72÷4＝18(개)

$\boxed{\text{답}}$ **18개**

❶ 케이크의 둘레를 구하면	………	3점
❷ 필요한 체리의 수를 구하면	………	3점
		6점

5 ❶ (가장 큰 원의 지름)
$\quad$＝(정사각형의 한 변의 길이)＝40 cm이므로
$\quad$(가장 큰 원의 반지름)＝40÷2＝20 (cm)
❷ (가장 큰 원의 넓이)
$\quad$＝20×20×3.1
$\quad$＝1240 (cm²)

$\boxed{\text{답}}$ **1240 cm²**

❶ 가장 큰 원의 반지름을 구하면	………	4점
❷ 가장 큰 원의 넓이를 구하면	………	3점
		7점

6 ❶ (원의 넓이)
$\quad$＝(반지름)×(반지름)×(원주율)이므로
$\quad$243＝(반지름)×(반지름)×3
❷ (반지름)×(반지름)＝243÷3＝81
$\quad$9×9＝81이므로 (반지름)＝9 cm
❸ (원주)＝9×2×3＝54 (cm)

$\boxed{\text{답}}$ **54 cm**

❶ 원의 넓이를 구하는 공식을 이용하여 식을 세우면	………	2점
❷ 반지름을 구하면	………	3점
❸ 원주를 구하면	………	2점
		7점

주의 원의 반지름을 먼저 구하고, 원주를 구하여 답해야 합니다.

7 ❶ (반원의 반지름)＝60÷2＝30 (m)
$\quad$(운동장의 넓이)
$\quad$＝(직사각형의 넓이)＋(두 반원의 넓이의 합)
$\quad$＝90×60＋30×30×3.14
$\quad$＝5400＋2826
❷ ＝8226 (m²)

$\boxed{\text{답}}$ **8226 m²**

❶ 운동장의 넓이를 구하는 식을 세우면	………	5점
❷ 운동장의 넓이를 구하면	………	3점
		8점

참고 두 반원의 넓이의 합은 원의 넓이와 같습니다.

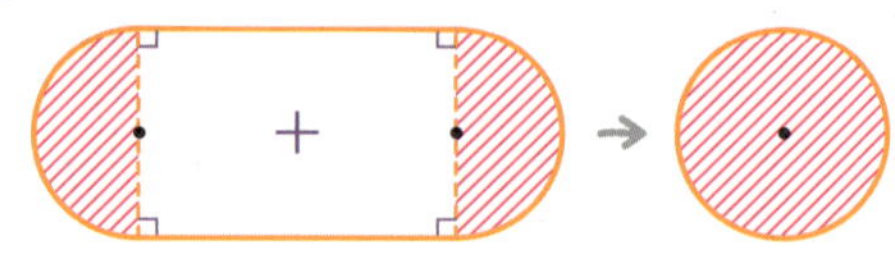

8 ❶ (색칠한 부분의 둘레)
$\quad$＝(정사각형의 한 변의 길이)×3
$\qquad$＋(반원의 곡선 길이)
$\quad$＝12×3＋12×3÷2
$\quad$＝36＋18
$\quad$＝54 (cm)
❷ (색칠한 부분의 넓이)
$\quad$＝(정사각형의 넓이)－(반원의 넓이)
$\quad$＝12×12－6×6×3÷2
$\quad$＝144－54
$\quad$＝90 (cm²)

$\boxed{\text{답}}$ **54 cm, 90 cm²**

❶ 색칠한 부분의 둘레를 구하면	………	4점
❷ 색칠한 부분의 넓이를 구하면	………	4점
		8점

주의 색칠한 부분의 둘레의 단위는 'cm', 색칠한 부분의 넓이의 단위는 'cm²'로 씁니다.

6. 원기둥, 원뿔, 구

*개념 확인하기, 대표 문장제 익히기 정답은
스피드 정답 11~12쪽에 있습니다.

27 DAY
118~119쪽

1 (모선의 길이)= 25 cm,
(밑면의 지름)
=(밑면의 반지름) (×, ÷) 2
= 20×2 = 40 (cm)
→ (모선의 길이와 밑면의 지름의 차)
= 40−25 = 15 (cm)

답 15 cm

2 ❶
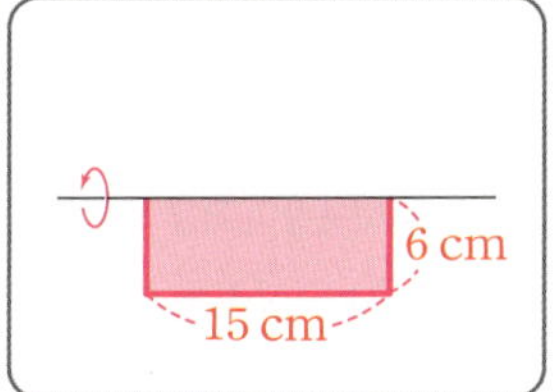

❷ (직사각형의 넓이)=(가로)×(세로)
=15×6=90 (cm²)

답 90 cm²

3 ❶ 밑면의 반지름이 (6 cm , 8 cm)이고
높이가 (8 cm , 6 cm)인 원뿔이 만들어집니다.
❷ (밑면의 둘레)
=(밑면의 반지름)×2×(원주율)
=8×2×3=48 (cm)

답 48 cm

4 ❶ 가로는 (밑면의 지름 , 높이)와 길이가 같고,
세로는 높이와 길이가 같은 직사각형입니다.
❷ 원기둥의 밑면의 지름을 □ cm라고 하면
(□+9)×2=46
→ □+9=23, □=14입니다.
따라서 (밑면의 반지름)=14÷2
=7 (cm)

답 7 cm

28 DAY
122~123쪽

1 (옆면의 가로)
= 6×3.1 = 18.6 (cm)
옆면의 세로를 □ cm라고 하면
옆면의 넓이가 93 cm²이므로
(가로)×(세로)= 18.6 ×□=93
→ □= 93÷18.6 = 5
따라서 (높이)=(옆면의 세로)= 5 cm입니다.

답 5 cm

2 ❶ (옆면의 가로)=(밑면의 둘레)
=7×2×3.14=43.96 (cm)
(옆면의 세로)=(높이)=10 cm
❷ (전개도의 둘레)=43.96×4+10×2
=175.84+20=195.84 (cm)

답 195.84 cm

3 ❶ 옆면의 넓이가 1116 cm²이므로
□×20=1116 → □=1116÷20=55.8
❷ (옆면의 둘레)=(55.8+20)×2
=75.8×2=151.6 (cm)

답 151.6 cm

4 ❶ (밑면의 반지름)=3 cm, (높이)=4 cm이므로
(옆면의 가로)=3×2×3=18 (cm)
(옆면의 세로)=(높이)=4 cm

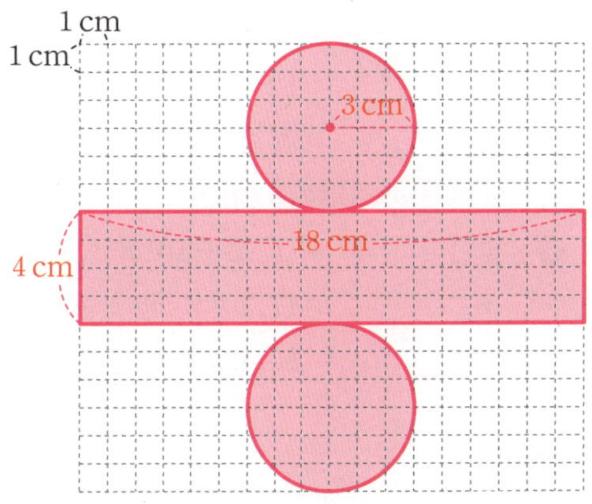

❷ (옆면의 넓이)=18×4=72 (cm²)

답 72 cm²

1 ❶ 원뿔의 높이는 24 cm,
원기둥의 높이는 12 cm이므로
❷ (원뿔과 원기둥의 높이의 합)
$=24+12=36$ (cm)

답 36 cm

채점기준	
❶ 원뿔과 원기둥의 높이를 각각 알면	각 2점
❷ 원뿔과 원기둥의 높이의 합을 구하면	1점
	5점

2 ❶ 구를 위에서 본 모양은 지름이 8 cm인 원입니다.
❷ (반지름)$=8÷2=4$ (cm)
(원의 넓이)$=4×4×3.1$
$=49.6$ (cm^2)

답 49.6 cm^2

채점기준	
❶ 구를 위에서 본 모양을 알면	1점
❷ 구를 위에서 본 모양의 넓이를 구하면	4점
	5점

참고 구는 어느 방향에서 보아도 모양이 원입니다.

3 예 옆면이 직사각형이 아니기 때문입니다.
밑면인 두 원의 크기가 다르기 때문입니다.

채점기준	
원기둥의 전개도가 아닌 이유를 쓰면	5점
	5점

4 ❶ (옆면의 가로)$=$(밑면의 둘레)
$=12×3.1$
$=37.2$ (cm)
(옆면의 세로)$=10$ cm
❷ (옆면의 둘레)$=(37.2+10)×2$
$=47.2×2$
$=94.4$ (cm)

답 94.4 cm

채점기준	
❶ 옆면의 가로와 세로를 구하면	3점
❷ 옆면의 둘레를 구하면	3점
	6점

5 공통점 ❶ 예 위에서 본 모양이 원입니다.
차이점 ❷ 예 원뿔은 뾰족한 부분이 있지만 구는 뾰족한 부분이 없습니다.
원뿔은 밑면이 있지만 구는 밑면이 없습니다.

채점기준	
❶ 두 입체도형의 공통점을 한 가지 쓰면	3점
❷ 두 입체도형의 차이점을 한 가지 쓰면	3점
	6점

참고 원뿔과 구의 공통점과 차이점을 알아봅니다.

6 ❶ 밑면의 반지름을 □ cm라고 하면
밑면의 둘레는 30 cm와 길이가 같으므로
$□×2×3=30$입니다.
❷ $□×2×3=30$
➔ $□×6=30$, $□=30÷6=5$

답 5 cm

채점기준	
❶ 밑면의 둘레를 구하는 공식을 이용하여 식을 세우면	4점
❷ 밑면의 반지름을 구하면	3점
	7점

참고 원기둥의 전개도에서 원 모양인 밑면 2개와 직사각형 모양인 옆면을 먼저 찾아봅니다.

7 ❶ (옆면의 가로)$=$(밑면의 둘레)
$=10×2×3.14$
$=62.8$ (cm)
❷ 옆면의 세로를 □ cm라고 하면
옆면의 둘레가 147.6 cm이므로
$(62.8+□)×2=147.6$
➔ $62.8+□=73.8$,
$□=73.8-62.8=11$
따라서 (높이)$=$(옆면의 세로)$=11$ cm입니다.

답 11 cm

채점기준	
❶ 옆면의 가로를 구하면	4점
❷ 원기둥의 높이를 구하면	4점
	8점

8 ❶ 길이가 12 cm인 변을 기준으로 주어진 직각삼각형 모양의 종이를 돌리면
밑면의 반지름이 9 cm이고 높이가 12 cm인 원뿔이 됩니다.

❷ 이 입체도형을 앞에서 본 모양은
(밑변의 길이)$=9\times2=18$ (cm)이고,
(높이)$=12$ cm인 삼각형입니다.

❸ (삼각형의 넓이)
$=18\times12\div2=108$ (cm^2)

답 **108 cm^2**

채점기준

❶ 어떤 입체도형이 만들어지는지 구하면		2점
❷ 만든 입체도형을 앞에서 본 모양을 구하면		3점
❸ 만든 입체도형을 앞에서 본 모양의 넓이를 구하면		3점
		8점

주의 길이가 12 cm인 변을 기준으로 직각삼각형 모양의 종이를 돌린 것입니다.

참고 길이가 9 cm인 변을 기준으로 주어진 직각삼각형 모양의 종이를 돌리면 밑면의 반지름이 12 cm이고 높이가 9 cm인 원뿔이 만들어집니다.

메모

길벗스쿨

기적의 수학 문장제

길벗스쿨

오늘도 한 뼘
자랐습니다